natürlich oekom
nachhaltig seit 1989

Bibliografische Information der Deutschen Nationalbibliothek:
Die Deutsche Nationalbibliothek verzeichnet diese Publikation
in der Deutschen Nationalbibliografie; detaillierte bibliografische Daten
sind im Internet über www.dnb.de abrufbar.

oekom – Gesellschaft für ökologische Kommunikation mbH
Waltherstraße 29, 80337 München

Alle Fotografien: © Hannes Petrischak
Lektorat: Lena Denu
Innenlayout & Satz: Ines Swoboda
Korrektorat: Maike Specht

Druck: Friedrich Pustet
GmbH & Co. KG, Regensburg

ISBN 978-3-96238-247-6

Hannes Petrischak

Gartensafari

Der heimischen Natur auf der Spur

Vielfalt ist unsere Natur

Heinz Sielmann Stiftung

INHALT

Einleitung

Es ist Anfang Juni. Im Blumen- und Kräuterbeet direkt am Rand unserer Terrasse blüht ein Ziersalbei in voller Pracht. Er wimmelt nur so von Wildbienen. Mit der Kamera kann ich in kurzer Zeit Garten-Wollbiene, Garten-Blattschneiderbiene und Stahlblaue Mauerbiene wunderschön im Profil ablichten – typische, attraktive Garten-Wildbienen. Auch eine noch zu später Zeit fliegende Rostrote Mauerbiene ist dabei, so scheint es. Doch die Betrachtung der Fotos irritiert: Die kleinen »Hörner« im Gesicht dieser Biene fehlen, und die Behaarung wirkt insgesamt kräftiger und etwas dunkler. Es handelt sich um die Östliche Felsenmauerbiene. Sie ist sehr selten, gilt nach der Roten Liste Deutschlands sogar als stark gefährdet und fliegt vor allem an felsigen Hängen. In Berlin und Brandenburg – unser Garten liegt im Berliner Umland – lebt sie aber auch auf innerstädtischen Brachen und in Gärten.

1 Feldsperlinge *(Passer montanus)* zieht es seit einigen Jahren aus der immer lebensfeindlicheren Feldflur verstärkt in unsere Gärten.

Ihre Nester formt sie aus zerkautem Pflanzenmaterial in Vertiefungen von Felsen und Mauern.

Jeder Aufenthalt in einem strukturreichen Garten kann sich also zu einer kleinen Safari entwickeln und spannende Überraschungen bieten. Je genauer und je häufiger wir hinschauen, desto tiefere Einblicke gewinnen wir in ökologische Zusammenhänge: Komplexe Nahrungsnetze werden deutlich. Warnung, Tarnung und Täuschung spielen eine große Rolle im täglichen Überlebenskampf, im Garten nicht weniger als in Wald und Flur. Große jahreszeitliche Wanderbewegungen von Vögeln oder Schmetterlingen lassen sich im Garten oft gut nachvollziehen. Ebenso erleben wir den menschengemachten Wandel der Natur, zu dem Verschleppungen von Arten und Klimawandel beitragen – Fernimporte und südliche Arten breiten sich aus, andererseits werden einige vertraute Arten durch den Verlust von Nistmöglichkeiten und Nahrung insgesamt immer seltener.

Die in diesem Buch dokumentierte Vielfalt an Tieren stellt nur einen kleinen Ausschnitt des Artenspektrums dar, das es zu entdecken gilt. Natürlich wird man nicht jede hier gezeigte Art in jeden Garten locken können, denn allein schon geografische Regionen, Höhenlagen und Bodenverhältnisse bieten ganz unterschiedliche Voraussetzungen. Naturnah gestaltete Gärten sind jedoch überall Keimzellen einer artenreichen Stadt- und Dorfnatur. Sie bieten insbesondere den zahlreichen Kulturfolgern, zu denen sich viele Arten entwickelt haben, eine Heimat. Dennoch können sie die Zerstörung wertvoller Lebensräume durch unsere großflächig monotone, intensive Landnutzung nicht kompensieren. Daher bleiben neben dem naturfreundlichen Gärtnern ein nachhaltigerer Konsum und der zivilgesellschaftliche Einsatz für mehr Natur- und Artenschutz von größter Bedeutung.

2 Überraschende Begegnung: die stark gefährdete Östliche Felsenmauerbiene *(Osmia mustelina)* an Salbeiblüten im Garten.

Mit Wildbienen in den Frühling starten

1 Ein Weibchen der Gehörnten Mauerbiene *(Osmia cornuta)* an einer Apfelblüte.

2 Dieses Männchen der Gehörnten Mauerbiene, erkennbar an der kräftigen, hellen Gesichtsbehaarung und den langen Fühlern, trinkt Nektar an Rosmarinblüten.

Sobald die ersten Frühblüher wie Krokusse und Traubenhyazinthen im Garten erblühen und die Blütenknospen von Obstbäumen aufspringen, sind sie zur Stelle: Die Gehörnte und die Rostrote Mauerbiene (*Osmia cornuta* und *Osmia bicornis*) suchen hier Pollen und Nektar. Sie zählen zu den ersten Insekten des Jahres. Schon an milden, sonnigen Tagen im Februar und März tauchen zunächst die Männchen auf. Sie sind zierlicher als die Weibchen und tragen eine bürstenartige, helle Gesichtsbehaarung. Manchmal kann man beobachten, wie sie sich an alten Bohrlöchern an einer Hauswand postieren. Hier warten sie auf schlüpfende Weibchen, um sich mit ihnen zu paaren. Die Weibchen der Gehörnten Mauerbiene, deren Flugzeit sich von März bis Anfang Mai erstreckt, erinnern mit ihrem leuchtend orangeroten Pelz auf dem Hinterleib entfernt an Hummeln. Die Rostrote Mauerbiene erscheint einige Tage oder Wochen später und ist vorwiegend während der Monate April und Mai aktiv. Sie ist etwas weniger auffällig rostrot behaart. Bei beiden Arten tragen die Weibchen zwei kurze, nach vorn gerichtete »Hörner« im Gesicht, was sich in ihren wissenschaftlichen Artnamen (*cornuta* und *bicornis*, von lateinisch cornu – Horn) widerspiegelt. Die Gehörnte Mauerbiene ist in Norddeutschland deutlich seltener als im Süden, breitet sich aber derzeit stark aus.

Am Nistplatz der Mauerbienen

Den Pollen sammeln die Mauerbienen in der Bauchbürste, also in den Haaren auf der Bauchseite des Hinterleibs, die deshalb je nach aufgesuchter Futterpflanze leuchtend hell- bis dunkelgelb gefärbt ist. Durch ihre eifrige Sammeltätigkeit sind sie gute Bestäuber. Man kann diese Arten problemlos am Haus und im Garten ansiedeln, indem man ihnen Nisthilfen anbietet: Bambusröhrchen, in Holz gebohrte Löcher und ähnliche Hohlräume werden – sofern sie nach Süden ausgerichtet sind – meist sehr schnell besiedelt. Denn die Weibchen suchen solche Hohlräume, um darin linienförmig hintereinander Nistzellen anzulegen. Diese Zellen werden mit Pollen und Nektar verproviantiert, jeweils mit einem Ei belegt und mit Wänden aus Lehm voneinander getrennt. Abschließend wird das Nest mit einem Lehmpfropf verschlossen. Die Rostrote Mauerbiene ist nicht sehr wählerisch in der Form der Hohlräume für die Anlage ihrer Nester – sie nutzt manchmal sogar Türschlösser oder Pfeifen.

Aus den Eiern schlüpfen nach wenigen Tagen Larven, die den Vorrat in ihrer Zelle auffressen. Wenn sie ausgewachsen sind, spinnen sie in ihrer Nistzelle einen Kokon, in dem sie sich im Frühsommer verpuppen. Ab dem Spätsommer liegen die geschlüpften Bienen in ihren Kokons und warten auf den nächsten Frühling. In den äußeren Zellen haben sich aus unbefruchteten Eiern Männchen entwickelt, die zuerst die Nester verlassen werden.

Doch nicht in allen Fällen entwickeln sich Mauerbienen in den Nistzellen, denn es gibt eine ganze Reihe von Futterparasiten und Parasitoiden, die es

3 Ein Männchen der Rostroten Mauerbiene *(Osmia bicornis)* wartet auf schlüpfende Weibchen an einem alten Bohrloch an einer Hauswand.

4 Das Weibchen der Rostroten Mauerbiene sammelt Pollen und Nektar an der Apfelblüte und trägt so zur Bestäubung bei.

Weibchen der Gehörnten Mauerbiene an einer Nisthilfe aus Bambusröhren

5 Nach der Rückkehr von einem Sammelflug wird zunächst der Nektar aus dem Kropf in die Brutzelle abgegeben. Der gelbe Pollen ist in der Bauchbürste erkennbar.

7 Blick in die offene Nistzelle, die schon mit reichlich Pollen verproviantiert ist.

6 Anschließend dreht sich das Weibchen um und streift mit den Beinen den Pollen von der Bauchbürste ab.

8 Mit einem Lehmklümpchen ist das Weibchen am Nesteingang gelandet und beginnt mit dem Verschluss der Niströhre. Zahlreiche weitere Bambusröhren sind bereits mit Lehmpfropfen verschlossen.

entweder auf den Nahrungsproviant oder die Bienenlarven selbst abgesehen haben. An den Nestern der Rostroten Mauerbiene etwa halten sich häufig kleine Taufliegen mit roten Augen auf, die der Art *Cacoxenus indagator* angehören. Wenn ihre Larven zahlreich vom Pollenvorrat fressen, verhungern die Bienenlarven. Der Trauerschweber *(Anthrax anthrax)* schleudert seine Eier im Flug in Richtung der Bienennester; seine Larven sind ihre tödlichen Gegenspieler. Auch die hübschen Bienenkäfer der Gattung *Trichodes* suchen gezielt Bienennester zur Eiablage auf. Ihre Larven fressen Pollen, Bienenlarven und -puppen.

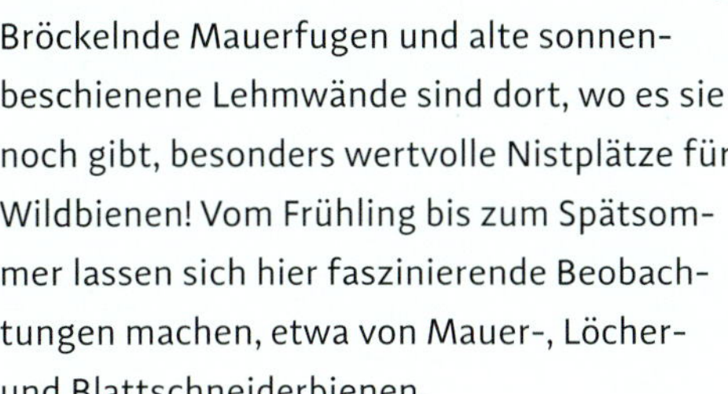

SAFARI-TIPP

Bröckelnde Mauerfugen und alte sonnenbeschienene Lehmwände sind dort, wo es sie noch gibt, besonders wertvolle Nistplätze für Wildbienen! Vom Frühling bis zum Spätsommer lassen sich hier faszinierende Beobachtungen machen, etwa von Mauer-, Löcher- und Blattschneiderbienen.

So können an den Nistplätzen der Mauerbienen viele interessante Insekten beobachtet werden. Aufgrund der Vielzahl an Nistzellen, die eine Mauerbiene im Laufe ihres Lebens anlegt, gelingt es jedoch immer genügend Bienenlarven, ihre Entwicklung erfolgreich zu vollenden und sich in summende Frühlingsboten zu verwandeln.

Später im Frühling, von Mai bis Juni, erscheint noch eine weitere hübsche Mauerbienenart im Garten: Die Stahlblaue Mauerbiene *(Osmia caerulescens)*. Ihre Weibchen schillern an Kopf und Körper

Gegenspieler von Wildbienen, die man häufig im Umfeld der Nistplätze antrifft

9 Die Taufliege *Cacoxenus indagator* lauert an den Nestern der Rostroten Mauerbiene.

10 Der Trauerschweber *(Anthrax anthrax)* ist an seiner dunklen Färbung leicht zu erkennen.

11 Der Gewöhnliche Bienenkäfer *(Trichodes apiarius)*.

12 Eine Stahlblaue Mauerbiene *(Osmia caerulescens)* beim Blütenbesuch an der Saatwicke *(Vicia sativa)*.

13 Das Weibchen der Stahlblauen Mauerbiene schaut aus seinem Nesteingang in einer abgeschnittenen Brombeerranke heraus.

14 Der grüne Nestverschluss aus Pflanzenmörtel ist kennzeichnend für die Stahlblaue Mauerbiene.

blau, was je nach Lichteinfall mehr oder weniger stark zum Ausdruck kommt. Die Bauchbürste ist schwarz. Männchen schimmern auffallend golden, haben grüne Komplexaugen und sind auf dem Thorax kräftiger rotbraun behaart. Auch die Stahlblaue Mauerbiene nimmt gern Nisthilfen an: Bambusröhren, Schilfhalme (auch in Reetdächern), Käferfraßgänge in Totholz, verlassene Nester anderer Wildbienen und Lehmwespen, Hohlräume in Mauern oder Pflanzenstängeln zählen zum Spektrum der Nistplätze. Die Weibchen legen Linienbauten mit bis zu sieben Brutzellen an und verschließen das Nest mit Pflanzenmörtel, also zerkautem Pflanzenmaterial. Die grünen Nestverschlüsse geben dann einen deutlichen Hinweis auf die Anwesenheit dieser Mauerbiene, die Pollen und Nektar bevorzugt an Lippen- und Schmetterlingsblütlern sammelt. Daher kann man sie oft an Salbei oder verschiedenen Klee- und Wickenarten beobachten.

SAFARI-TIPP

Leere Schneckenhäuser im Garten können der Zweifarbigen Schneckenhaus-Mauerbiene *(Osmia bicolor)* im Frühling als Nistplatz dienen: Von unterschiedlichen Blütenpflanzen trägt sie Pollen und Nektar ein, legt ein Ei dazu und verschließt das Haus mit einem Pfropf aus Steinen und Querwänden aus zerkautem Pflanzenmaterial. Anschließend dreht sie das Schneckenhaus mit der Öffnung nach unten und gräbt gegebenenfalls Erde beiseite, damit die Mündung glatt mit dem Boden abschließt. Zum Schluss trägt sie wie ein Hubschrauber trockene Halme oder Kiefernnadeln herbei, mit denen sie ihr Schneckenhaus vollständig bedeckt. Auch die Goldene Schneckenhaus-Mauerbiene *(Osmia aurulenta)*, die beispielsweise in Berlin recht häufig ist, besiedelt leere Schneckenhäuser – sogar solche von Weinbergschnecken. Sie bewegt und bedeckt das Haus allerdings nicht, nachdem sie es verschlossen hat. Es kann sich also lohnen, einfach ein paar leere Schneckenhäuser im Garten auszulegen!

15 Das Weibchen der Zweifarbigen Schneckenhaus-Mauerbiene *(Osmia bicolor)* inspiziert ein leeres Schnirkelschneckenhaus.

16 In einem unglaublichen Kraftakt trägt die Zweifarbige Schneckenhaus-Mauerbiene abgestorbene Pflanzenhalme fliegend herbei, um damit ihr Schneckenhausnest zu verbergen.

17 Dieses Weibchen der Goldenen Schneckenhaus-Mauerbiene *(Osmia aurulenta)* hat Teile des Schneckenhauses mit grünem Pflanzenmörtel beklebt.

Bestäuber an Obstbäumen

Obstbäume sind bei Bienen sehr beliebt. Von Ende März bis Anfang Mai erblühen Pflaumen, Kirschen, Apfel- und Birnbäume – oft summt und brummt es hier wie im Bienenstock. Die Honigbiene (*Apis mellifera*) ist an dieser Stelle aber nur eine unter vielen Bienenarten. Man erkennt sie an ihrer bräunlich grauen Färbung mit den verwaschenen, hellen Querstreifen auf dem Hinterleib. Außerdem sammelt sie den Pollen feucht, also bereits mit Nektar vermischt, in wachsenden Klumpen an der Außenseite der Hinterschienen. Eine körbchenartige Struktur mit festen, kranzförmig angeordneten Haaren bildet hier den Sammelapparat.

18 Diese Arbeiterin der Honigbiene (*Apis mellifera*) hat bereits viel Apfelblütenpollen gesammelt.

Dieses Merkmal teilt sie sich mit einer nah verwandten großen Wildbienengattung, die in Deutschland insgesamt 41 Arten umfasst: die Hummeln. Sie haben als Bestäuber auch deshalb eine große Bedeutung, weil sie schon bei sehr niedrigen Temperaturen fliegen können. Da sie in der Lage sind, ihre Körpertemperatur sogar bei Außentemperaturen unter 10 Grad Celsius durch das Zittern ihrer Flugmuskulatur konstant über 35 Grad zu halten, fliegen sie nicht nur sehr zeitig im Jahr, sondern auch bei Schlechtwetterperioden – was für die Bestäubung der Obstblüte von großer Bedeutung sein kann. Die Königinnen suchen oft schon im März einen geeigneten Platz für ihr Nest. Besonders beeindruckend sind die riesigen Dunklen Erdhummeln *(Bombus terrestris)*, die dicht über dem Boden durch den Garten fliegen und intensiv Mauselöcher inspizieren, denn Mäusenester zählen zu ihren bevorzugten Nistplätzen. Auch Vogelnistkästen können ausgewählt werden, vor allem von Steinhummel *(Bombus lapidarius)*, Wiesenhummel *(Bombus pratorum)* und Baumhummel *(Bombus hypnorum)*. Manchmal dienen auch Hohlräume in Wandverkleidungen, Rollladenkästen, Dachböden, Eichhörnchennester oder Komposthaufen als Nistplatz. Die Ackerhummel *(Bombus pascuorum)* – vielleicht unsere häufigste Hummelart überhaupt – ist besonders flexibel hinsichtlich der Auswahl ihres Nistplatzes. Die Gartenhummel *(Bombus hortorum)* trägt zwar den Garten im Namen, ist aber von unseren häufigen Hummelarten die seltenste. Sie hat ein lang gezogenes Gesicht und einen besonders langen Rüssel.

Hummeln formen ihre Brutzellen im Nest aus Wachs. Zu Beginn legt die Königin einen Vorrat von Pollen und Nektar in einer Kammer ab, in der

19 Erdhummeln sind leicht an zwei gelben Querbinden und dem weißen Körperende erkennbar. Allerdings können im Garten drei äußerlich meist nicht eindeutig unterscheidbare Arten auftreten: Dunkle Erdhummel *(Bombus terrestris)*, Helle Erdummel *(B. lucorum)* und Kryptarum-Erdhummel *(B. cryptarum)*.

20 Die Ackerhummel *(Bombus pascuorum)*, an ihrer orangenen und grauen Behaarung meist gut erkennbar, besucht regelmäßig blühende Apfelbäume.

21 Die Gartenhummel *(Bombus hortorum)* ist durch drei gelbe Querbinden und ein weißes Hinterende gekennzeichnet.

sich die ersten Larven gemeinschaftlich ernähren. Danach versorgt die Königin sie bis zur Verpuppung mit neuer Nahrung. Außerdem wärmt sie ihre Brut. Neben der Brutzelle steht separat ein mit Nektar gefülltes Wachstöpfchen, das die Königin selbst als Nahrungsreserve nutzt. Nach dem Schlüpfen der ersten Arbeiterinnen übernehmen diese nun vielfältige Aufgaben des Bauens und der Versorgung. Hummeln bilden also im Sommerhalbjahr Völker, die je nach Art auf dem Höhepunkt ihrer Entwicklung zwischen 50 und 600 Individuen umfassen können. Das ist allerdings nicht vergleichbar mit den Staaten der Honigbiene, in denen sich 50.000 Arbeiterinnen tummeln können.

22 Diese Baumhummel (*Bombus hypnorum*, typische Farbfolge: Braun – Schwarz – Weiß) sammelt Pollen und Nektar an Kiwiblüten im Garten.

23 Blühende Himbeeren im Garten locken Wiesenhummeln *(Bombus pratorum)* an. Eine oder zwei gelbe Querbinden und eine rote Hinterleibsspitze sind kennzeichnend.

24 Steinhummeln *(Bombus lapidarius)*, hier eine Arbeiterin an Wilder Resede, zählen in Ortschaften ebenfalls zu den weitverbreiteten Arten. Sie sind schwarz, die letzten Segmente des Hinterleibs jedoch leuchtend rot behaart.

Die Vielfalt der Sandbienen

Viele der weiteren Wildbienen, die im Frühling im Garten erscheinen, zählen zur Gattung der Sandbienen *(Andrena)*. Sie alle graben ihre Nester solitär in den Boden. Von einem Nistgang, der in die Tiefe führt, zweigen einige Seitengänge ab, an deren Ende die Brutzellen liegen, die mit einem Nektar-Pollen-Gemisch bevorratet, mit einem Ei belegt und anschließend verschlossen werden. Die Nesteingänge liegen manchmal recht auffällig auf sandigen Wegen oder in Blumenbeeten, oft aber auch versteckt zwischen Grasbüscheln. Sandbienen haben lange Haare an den Hinterbeinen, die zusammen mit Teilen der Körperbehaarung als Sammelbürste dienen. Die Pollenkörner werden trocken gesammelt. Den Nektar transportieren Sandbienen ähnlich wie Mauerbienen im Kropf.

Die Sandbienen-Männchen sind recht zierlich und tragen kaum spezifische Merkmale, weshalb eine Bestimmung ohne Präparation und optische Hilfsmittel (Binokular) meist nicht möglich ist. Die Weibchen sind auch nicht in allen Fällen gut zu unterscheiden, vor allem wenn es sich um recht einheitlich graubraun behaarte Arten handelt. Aber zum Glück gibt es einige häufige charakteristische Vertreter – zum Beispiel die Rotschopfige Sandbiene *(Andrena haemorrhoa)*. Sowohl der Thorax (die »Brust« als mittlerer Körperabschnitt) als auch die Spitze des Hinterleibs sind kräftig fuchsrot behaart, der Hinterleib ist ansonsten glänzend schwarz. Diese hübsche Biene besucht viele unterschiedliche Blüten, ist aber wohl an fast jedem blühenden Obstbaum zu finden. Noch auffälliger ist die Fuchsrote Sandbiene *(Andrena fulva)* gefärbt, die im frisch geschlüpften Zustand auf der gesamten

25 Eine Rotschopfige Sandbiene *(Andrena haemorrhoa)* sammelt an einem Apfelbaum.

26 Die Fuchsrote Sandbiene *(Andrena fulva)* sucht gerne die Blüten der Roten Johannisbeere auf.

Oberseite leuchtend rotbraun behaart ist. Unterseite, Kopf und Beine sind hingegen tiefschwarz gefärbt. Sie ist bekannt dafür, dass sie gern die Blüten von Johannisbeeren aufsucht. Schwarz-grau ist hingegen die Aschgraue Sandbiene *(Andrena cineraria)* gemustert: Quer über den pelzig grau behaarten Thorax zieht sich ein breiter schwarzer Streifen; der schwarze Hinterleib glänzt leicht bläulich.

Einen metallischen Schimmer zeigt auch die recht große Erzfarbene Sandbiene *(Andrena nigroaenea)*, die hinter dem schwarzen Kopf auf dem Thorax und auch auf dem größten Teil des Hinterleibs hellbraun behaart ist. Ihr sieht die kleinere Zweifarbige Sandbiene *(Andrena bicolor)* ähnlich, die im zeitigen Frühjahr viele Frühblüher aufsucht und dann im Sommer noch einmal in einer zweiten Generation eine Vorliebe für Glockenblumen zeigt.

Zwei weitere Sandbienen mit breiten hellen Querbinden auf dem Hinterleib sind häufige Frühlingsboten im Garten: die Gewöhnliche Bindensandbiene *(Andrena flavipes)* mit hellbraunen Binden und die Weiße Bindensandbiene *(Andrena gravida)* mit namensgebenden weißen Binden. Beide sind sich sehr ähnlich und nur im Falle frisch geschlüpfter,

27 Eine Aschgraue Sandbiene *(Andrena cineraria)* auf Löwenzahnblüten.

28 Hier trinkt eine Erzfarbene Sandbiene *(Andrena nigroaenea)* Nektar an Pfaffenhütchen.

29 Eine Zweifarbige Sandbiene *(Andrena bicolor)* ruht an ihrem Nistplatz.

30 Die Weiße Bindensandbiene *(Andrena gravida)* am Löwenzahn.

noch nicht verblasster Exemplare gut zu unterscheiden. Allerdings zeigt sich die Gewöhnliche Bindensandbiene im Sommer noch einmal in einer zweiten Generation. Sie kann sehr zahlreich auftreten.

SAFARI-TIPP

Wer Sandbienen das Leben im Garten erleichtern will, sorgt neben einem reichhaltigen Blütenangebot von möglichst einheimischen Kräutern, Stauden und Gehölzen auch für Bereiche mit vegetationsfreiem, unversiegeltem sandigem oder sandig-lehmigem Boden. Mit etwas Glück siedelt sich hier eine Sandbienenkolonie an.

Am Nistplatz kann man verfolgen, wie zu Beginn der Flugzeit zunächst die Männchen schlüpfen und dicht über dem Boden auf und ab patrouillieren – stets bereit, sich zur Paarung auf ein schlüpfendes Weibchen zu stürzen. Später tragen die Weibchen unermüdlich Pollen und Nektar ein. Über kurz oder lang stellen sich auch spezifische Kuckucksbienen ein: Etwa ein Viertel der gut 570 heimischen Bienenarten sammelt selbst keinen Pollen, sondern dringt in die Nester von anderen Bienenarten, ihren Wirtsbienen, ein. Wenn ein Weibchen in der fremden Brutzelle angekommen ist, in der sich nahrhafter Larvenproviant befindet, entfernt es das Ei der Wirtsbiene und legt stattdessen ein eigenes Ei ab. So wächst die eigene Larve wie im Schlaraffenland heran. Eine typische Kuckucksbiene ist die schwarzgelb gezeichnete Gemeine Wespenbiene (*Nomada fucata*), die sich in den Nistkolonien der Gewöhnlichen Bindensandbiene aufhält.

31 Ein Weibchen der Gewöhnlichen Bindensandbiene (*Andrena flavipes*) ist mit Pollen beladen zum Nistplatz zurückgekehrt.

32 Zwei Männchen der Gewöhnlichen Bindensandbiene warten am Nistplatz auf schlüpfende Weibchen.

33 Die Gemeine Wespenbiene (*Nomada fucata*) ist eine Kuckucksbiene. Sie inspiziert den Nistplatz der Gewöhnlichen Bindensandbiene sorgfältig.

Ein echter Riese: die Blauschwarze Holzbiene

An den ersten milden, sonnigen Tagen im Februar oder März brummt sie oft schon durch den Garten: die Blauschwarze Holzbiene *(Xylocopa violacea)*. Mit

34 Hier betreibt die Blauschwarze Holzbiene »Nektarraub«: Mit ihrer spitzen »Zunge« hat sie die Blütenröhre des Gartengeißblatts seitlich durchbohrt, um auf kurzem Weg an den Nektar zu gelangen.

einer Körperlänge von rund 2,5 Zentimeter zählt sie zu unseren größten und auffälligsten Insekten. Sie ist tiefschwarz gefärbt, im Sonnenlicht schimmern Körper und Flügel bläulich. Obwohl sie auf den ersten Blick bedrohlich wirken kann, geht von ihr keinerlei Gefahr aus. Die Weibchen können zwar theoretisch stechen, doch die stattlichen Bienen sind friedlich und furchtsam und wehren sich nur im äußersten Notfall. Außerdem wirkt das Gift all unserer Wildbienen, sofern sie mit ihrem Stachel die menschliche Haut überhaupt durchdringen können, viel schwächer als das der Honigbiene.

Holzbienen lieben nektarreiche Blüten, an denen sie ihre Energiereserven auftanken können. Dafür kommen sie auch in den Kräutergarten. Dort wird Rosmarin, der im zeitigen Frühling blüht, von ihnen, aber auch von anderen Wildbienen besonders geschätzt. Die Männchen suchen im Frühling jedoch vor allem nach Weibchen, mit denen sie sich paaren können. Die Weibchen patrouillieren bald darauf auffällig an Hauswänden, Bäumen und anderen aufrechten Strukturen entlang, denn sie suchen nun Nistplätze. Diese finden sie in abgestorbenen sonnenbeschienenen Baumstämmen, die noch nicht zu morsch sind, manchmal aber auch in Zaunpfählen oder Holzbalken. In das Holz nagen sie nun in stundenlanger Arbeit mit ihren kräftigen Kiefern fingerdicke, manchmal meterlange Gänge hinein.

35 Eine Blauschwarze Holzbiene *(Xylocopa violacea)* im Frühling an blühendem Rosmarin.

36 Nestbau: In das Holz eines abgestorbenen Apfelbaums nagt diese Blauschwarze Holzbiene ihren Nistgang.

SAFARI-TIPP

Holzbienen fliegen auf große Blüten. Wicken, Blauregen, Gartengeißblatt und Muskatellersalbei sind sehr beliebt. In Kombination mit hartem Totholz von Laubbäumen an sonnigem Standort sind diese Pflanzen ein ideales Mittel, die prächtigen Riesen in den Garten zu locken.

Den Pollen sammelt die Blauschwarze Holzbiene in den Haarbürsten der Hinterbeine, aber auch im Kropf. In den Holzgängen legt sie Nistzellen an, in denen sie jeweils eine zähe Pollenmasse als Proviant für ihren Nachwuchs hinterlegt. Dann legt sie ein Ei dazu. Die Trennwände der Nistzellen werden aus Holzstückchen und Speichel errichtet. In den Nistzellen wachsen die Larven schnell heran, verpuppen sich, und schon im Juli schlüpft die nächste Bienengeneration. Zu diesem Zeitpunkt leben die Mütter häufig noch. Nur selten können bei solitären Wildbienen die Generationen wie bei dieser Art einander begegnen.

Holzbienen sind sehr wärmeliebend. In den Tropen und Subtropen sind sie sehr artenreich vertreten – als einzige Wildbienen haben sie sogar die Galapagosinseln besiedelt, wo die Galapagos-Holzbiene *(Xylocopa darwinii)* ein wichtiger Bestäuber für viele Pflanzen ist. In Deutschland war die Blauschwarze Holzbiene lange Zeit auf die warmen Flusstäler und ähnliche Tieflagen im Süden beschränkt, hat ihr Areal aber in den letzten Jahren stark nach Norden ausgedehnt und wurde inzwischen immer wieder auch in Norddeutschland nachgewiesen. Sofern Totholz und ein großes Blütenangebot verfügbar sind, besiedelt sie sehr gern Gärten, ansonsten findet man sie auf Streuobstwiesen, an Waldrändern oder sonnigen Hängen.

Lange Zeit galt sie als einzige Holzbienenart Deutschlands. Im äußersten Südwesten, in der südlichen Oberrheinebene, insbesondere am Kaiserstuhl, zeigt sich jedoch inzwischen regelmäßig die sogar noch etwas größere verwandte *Xylocopa valga*, die als Südliche oder Östliche Holzbiene bezeichnet wird. Die Weibchen beider Arten sind im Gelände nicht voneinander unterscheidbar. Die Männchen der Blauschwarzen Holzbiene haben an den Fühlerspitzen allerdings orangefarbene Ringe, während die Fühler der Männchen von *Xylocopa valga* ganz schwarz gefärbt sind.

37 Eingepudert: Die Blauschwarze Holzbiene sammelt nun Pollen am Gartengeißblatt, um damit Nahrungsvorräte für ihre Larven anzulegen.

38 Dieses frisch geschlüpfte Männchen der Blauschwarzen Holzbiene, erkennbar an den s-förmig gebogenen und nahe der Spitze orange geringelten Fühlern, trinkt Nektar an Lavendel im Garten.

Viel besser als ihr Ruf: Wanzen

Mit dem Namen »Wanze« verbinden die meisten Menschen nichts Positives. Wanzen sind aber eine große, vielgestaltige Insektengruppe und für Menschen fast alle völlig harmlos – bis auf die als Blutsauger gefürchteten Bettwanzen und einige als Krankheitsüberträger berüchtigte tropische Raubwanzen. Im Garten lassen sich zahlreiche verschiedene Arten mit spannenden Verhaltensweisen entdecken.

1 Bereits Mitte Februar heizen sich unzählige Feuerwanzen *(Pyrrhocoris apterus)* in der Vorfrühlingssonne an einem Lindenstamm auf.

2 Diese Feuerwanze saugt an einer zu Boden gefallenen Lindenfrucht.

Massenversammlungen am Lindenbaum

Wenn im Februar oder März die Frühlingssonne erstmals spürbare Kraft entfaltet, kommt es regelmäßig zu auffälligen Massenversammlungen an der Hauswand, am Fuße von Baumstämmen oder auf trockenem Laub: Mitunter finden sich Hunderte von Gemeinen Feuerwanzen *(Pyrrhocoris apterus)*

3 Im Südwesten Deutschlands sonnen sich Mauereidechsen *(Podarcis muralis)* oft gemeinsam mit Feuerwanzen. Aufgrund ihrer Abwehrsekrete hat diese Feuerwanze nichts von der Eidechse zu befürchten.

hier zusammen, um sich gemeinschaftlich aufzuwärmen. Mit ihrer roten Signalfarbe, kontrastreich mit Schwarz kombiniert, erwecken sie bei vielen Menschen Interesse, aber auch Sorge, ob sie schädlich oder aggressiv sein könnten.

4 Im Frühling häufig zu beobachten: die Paarung der Feuerwanzen.

5 Im August sonnen sich Larven verschiedener Entwicklungsstadien und ausgewachsene Feuerwanzen gemeinsam.

Besonders oft kann man sie unter Linden oder in der Nähe von Malvengewächsen wie Stockrosen beobachten, denn sie saugen gern an deren herabgefallenen Samen. Feuerwanzen werden volkstümlich auch als Feuerkäfer bezeichnet, aber im Gegensatz zu Käfern haben Wanzen stechend-saugende Mundwerkzeuge, mit denen sie Pflanzensäfte aufnehmen oder räuberisch andere Insekten aufspießen. Anders als Käfer kennen Wanzen auch kein Puppenstadium im Laufe ihrer Entwicklung. Die meisten Wanzen schützen sich gegen Feinde äußerst effektiv mit »Stinkdrüsen«, aus denen Abwehrsekrete ausgeschieden werden. Dabei entsteht der typische Wanzengeruch. Die Sekrete sind relativ starke Kontaktgifte.

Die leuchtende Signalfarbe der Feuerwanzen zeigt allen Fressfeinden auf äußerst einprägsame Weise an, dass sie giftig sind und ekelhaft schmecken. Man kann diese Wirkung beobachten, wenn sich Eidechsen in der Frühlingssonne auf denselben Steinen wärmen wie die Wanzen. Die hungrigen Eidechsen laufen zunächst interessiert auf die Insekten zu, drehen aber sofort frustriert ab, wenn sie erkennen, wen sie vor sich haben. Das Warnsignal funktioniert noch besser, wenn viele Feuerwanzen eng beieinandersitzen. Außerdem können die Tiere in solchen Ansammlungen die Wärme besser speichern, und gleichzeitig dienen sie als Partnerbörsen.

Die Paarung dauert mehrere Stunden. Die Pärchen laufen während dieser Zeit umher; während

SAFARI-WISSEN

Feuerwanzen steuern ihr interessantes Verhalten ganz wesentlich über Pheromone. Das sind Botenstoffe, die sie über ihre Drüsen ausscheiden. So gibt es ein spezielles Pheromon, das die Tiere in großer Zahl zusammenführt und ihre Massenansammlungen stabilisiert. Kommt man den Tieren jedoch zu nahe, laufen sie ganz plötzlich hektisch auseinander. Dieses Verhalten wird durch ein Alarmpheromon ausgelöst. Ein weiteres Pheromon lässt im Frühjahr Männchen und Weibchen zueinander finden.

sie an den Hinterenden verbunden sind und ihre Köpfe in verschiedene Richtungen weisen.

Die Weibchen legen ihre Eier versteckt in der Erde oder zwischen Laub ab. Im Sommer werden die Versammlungen der Feuerwanzen neu gemischt: Unterschiedliche, noch ungeflügelte Larvenstadien und erwachsene Tiere finden sich wiederum zu großen Gemeinschaften zusammen.

Seit einigen Jahren bekommen Feuerwanzen zunehmend Konkurrenz aus dem Mittelmeerraum: Die deutlich kleinere Linden- oder Malvenwanze (*Oxycarenus lavaterae*) hat sich von Süden um die Alpen herum bis nach Süddeutschland ausgebreitet, auch mit Pflanzentransporten wurde sie verschleppt und ist auf diese Weise in Berlin und Brandenburg heimisch geworden. Sie sucht die gleichen Pflanzen auf wie die Feuerwanze, überwintert an Lindenstämmen und bildet dort zu Frühlingsbeginn manchmal großflächige Teppiche, auf denen bisweilen auch Feuerwanzen umherlaufen.

6 Im brandenburgischen Wustermark, westlich von Berlin, bedecken Lindenwanzen *(Oxycarenus lavaterae)* einen Lindenstamm. Die beiden Feuerwanzen wirken etwas irritiert auf dem Teppich, den die kleinere Verwandtschaft bildet.

Die Vielfalt der Baumwanzen

Wanzen zeigen im Garten eine ungeahnte Vielfalt. Besonders prominent vertreten ist die Familie der Baumwanzen (Pentatomidae). Sie überwintern wie die Feuerwanzen fast alle als ausgewachsene Tiere, meist unter trockenem Laub oder an ähnlichen geschützten Orten, und suchen im Frühjahr nach geeigneten Wirtspflanzen, auf denen sie sich fortpflanzen. Die Kohlwanze (*Eurydema oleracea*) zeigt ebenfalls eine Warnfärbung, indem sie ihre schwarze Grundfarbe sehr variabel mit einer weißen, gelben oder roten Zeichnung kombiniert. Sie saugt hauptsächlich an Kreuzblütengewächsen (Brassicaceae) wie Kohl. Gelegentlich tritt sie in Massen auf, ihre Schadwirkung im Gemüsegarten bleibt aber meist gering. Zu unseren häufigsten Wanzen überhaupt zählt die Grüne Stinkwanze (*Palomena prasina*). Obwohl auch sie über die namensgebenden Abwehrsekrete verfügt, setzt sie mit ihrer einheitlich grünen Farbe lieber auf Tarnung. Das geht sogar so weit, dass sie sich zum Winter hin bräunlich verfärbt. Auch die attraktiv pink gefärbte Beerenwanze (*Dolycoris baccarum*) ist sehr häufig und kommt in Gärten weit verbreitet vor.

7 Ein ungleich gefärbtes Paar der Kohlwanze *(Eurydema oleracea)*.

8 Die Grüne Stinkwanze *(Palomena prasina)* findet man an verschiedenen Gehölzen und Kräutern im Garten.

9 Die Beerenwanze *(Dolycoris baccarum)* trägt ihren Namen aufgrund ihrer Vorliebe für reife Beeren, an denen sie saugt. Paarungszeit ist im Mai und Juni.

SAFARI-TIPP

Mehrere Wanzenarten saugen gern an reifen Früchten von Beerensträuchern, die dann einen bitteren Wanzengeschmack aufweisen. Es lohnt sich also, vor dem Verzehr nach Wanzen Ausschau zu halten!

Die Graue Gartenwanze *(Rhaphigaster nebulosa)* schätzt die Nähe zum Menschen ganz besonders: Sie sucht die Wärme und überwintert gern an und in Häusern. Außerdem profitiert sie stark von den zunehmend warmen Sommern der letzten Jahrzehnte, in denen sich die mediterrane Art stark vermehren und vom südlichen Deutschland aus immer weiter nach Norden ausbreiten konnte. Eine weitere Baumwanze, die im Zuge der Erwärmung ihr Areal stark ausgedehnt hat, ist die Streifenwanze *(Graphosoma italicum)*. Ihren Namen verdankt sie ihrem unverwechselbaren schwarz-roten Streifenmuster. Sie saugt im Garten an wärmebegünstigten Standorten an den heranreifenden Samen von Wilder Möhre und anderen Doldenblütengewächsen (Apiaceae) – dazu gehören auch Dill und Fenchel.

10 Die Graue Gartenwanze *(Rhaphigaster nebulosa)* ist auf Gehölzen, hier einem Apfelbaum, schwer zu entdecken, sitzt aber häufig an der warmen Hauswand.

11 Die Streifenwanze *(Graphosoma italicum)* hat ein hohes Wärmebedürfnis, wird jedoch immer häufiger auch im Norden Deutschlands gefunden.

Bunte Gegenspieler: Wanzenfliegen

Die stachelig beborsteten Raupenfliegen (Familie Tachinidae) treten häufig als Gegenspieler von Schmetterlingsraupen auf: Ihre Larven entwickeln sich als Parasitoide im Raupenkörper. Die Vertreter der Unterfamilie Phasiinae haben es allerdings auf Wanzen abgesehen und werden daher als »Wanzenfliegen« bezeichnet. Für das Jahr 2014 wurde die Goldschildfliege *(Phasia aurigera)* sogar zum »Insekt des Jahres« gekürt. Die Männchen sind mit der goldfarbenen, nach vorn in drei Streifen ausgezogenen Schildzeichnung, dem dunkelgelb umrandeten, bläulich schimmernden Hinterleib und den großen, roten Augen besonders prächtig gefärbt. Ihre Flügel zeigen – typisch für die Unterfamilie – eine rauchige Musterung. Die dunkleren Weibchen sind viel unauffälliger gefärbt. Mit einem Legeapparat platzieren sie ihre Eier zum Beispiel im Körper der Grünen Stinkwanze oder der Grauen Gartenwanze, deren Schicksal damit besiegelt ist. Zunächst ernährt sich die Fliegenlarve vorwiegend vom Fettgewebe der Wanze, bis sie schließlich auch die lebenswichtigen Organe frisst. Die Goldschildfliege kommt an sonnigen, blütenreichen Waldrändern und auch in Gärten vor. Vor wenigen Jahren hat sie sich vom Süden und von der Mitte Deutschlands bis in den Norden ausgebreitet. Von noch eigentümlicherer Gestalt ist die lang gestreckte, schwarz-rote Wanzenfliege *Cylindromyia bicolor*, die wahrscheinlich an die Graue Gartenwanze als Wirt gebunden ist.

12 Die prächtigen Männchen der Goldschildfliege *(Phasia aurigera)* sind eifrige Blütenbesucher im Garten.

13 Ende Mai paaren sich diese beiden Wanzenfliegen der Art *Cylindromyia bicolor* – einen deutschen Namen haben sie nicht – auf Margeritenblüten im Garten.

Maskierte Strolche an der Hauswand

Eines unserer eigentümlichsten Insekten kann man zu jeder Jahreszeit außen an der Hauswand oder im Haus entdecken: Die Larve der Staubwanze *(Reduvius personatus)* sieht aus, als käme sie direkt aus dem Staubsaugerbeutel. Nach jeder Häutung belädt sie nämlich mit ihren Hinterbeinen ihre klebrige Körperoberfläche mit Staub und Sand. Dies dient ihr als Tarnung und Fraßschutz und hat ihr auch den Namen »Maskierter Strolch« eingebracht. Zu ihren natürlichen Habitaten zählen Baumhöhlen und verlassene Vogelnester; in menschlichen Behausungen jagt sie Vorratsschädlinge und andere Insekten und macht sich damit durchaus nützlich.

SAFARI-TIPP

Die Staubwanze zählt zu den Raubwanzen (Reduviidae) und kann zur Verteidigung sehr schmerzhaft stechen, daher sollte man sie keinesfalls in die Hand nehmen.

Bei langen Hungerperioden können die Larven sogar zweimal überwintern. Die erwachsenen Tiere, die sich nicht maskieren, fliegen in Sommernächten zum Licht und dringen so durch offene Fenster in neue Gebäude vor.

14 Die Larve der Staubwanze *(Reduvius personatus)* maskiert sich zum Schutz vor Feinden mit möglichst viel Schmutz und Sand.

15 Diese ausgewachsene Staubwanze hat nachts an einer Garagenwand eine Waldwespe *(Dolichovespula sylvestris)* erbeutet.

Auf dem Holzweg in die weite Welt: die Nordamerikanische Kiefernwanze

16 Die Nordamerikanische Kiefernwanze *(Leptoglossus occidentalis)* sonnt sich gern an Hauswänden.

17 Die blattartige Verbreiterung der Hinterschienen ist charakteristisch für die Art. Gut erkennbar ist auch die Dornenreihe an der Unterseite des Hinterschenkels.

Auf die Nordamerikanische Kiefernwanze *(Leptoglossus occidentalis)* wird man meist aufmerksam, wenn sie still an der Hauswand oder auf der Fensterbank sitzt – immer wieder zieht es sie durch offene Fenster auch ins warme Haus, besonders wenn sie Plätze zur Überwinterung sucht. Sie wirkt ein wenig bedrohlich, ist für Menschen aber völlig harmlos. Sie lebt an Nadelbäumen. Da sie mit ihrem Stechrüssel auch an Piniensamen saugt, kann sie in Italien bei der Pinienkernproduktion schädlich werden.

Wie der wissenschaftliche Artname *occidentalis* andeutet, liegt ihre Heimat weit im Westen, und zwar in Nordamerika noch westlich der Rocky Mountains. Im 20. Jahrhundert hat sich die Kiefernwanze Richtung Osten ausgebreitet und schließlich auch die Ostküste der USA erreicht. In Europa wurden die ersten Exemplare im Herbst 1999 in Norditalien in Venetien bemerkt. Aus dem Jahr 2004 stammen schließlich die ersten deutschen Funde in Nordrhein-Westfalen, seit 2006 ist die Nordamerikanische Kiefernwanze nachweislich auch in Berlin zu Hause und hat inzwischen Europa fast flächendeckend erobert. Die weltweite Verbreitung erfolgte sehr wahrscheinlich über Holzimporte aus Nordamerika. Bereits in den Jahren 2009 und 2010 gab es zudem Sichtungen in Japan und China.

Im Frühling legen die Weibchen ihre Eier nach der Paarung auf Kiefernnadeln ab. Die Larven entwickeln sich dann über fünf Stadien. Die Flügelanlagen werden bei jedem Stadium deutlicher sichtbar, bis die Tiere nach der letzten Häutung im Juli oder

August mit bis zu zwei Zentimeter Länge ausgewachsen sind und nun sehr gut fliegen können. Ihre Nahrung finden sie bevorzugt in noch unreifen Kiefernzapfen. Untrügliches Kennzeichen der Art sind die blattartig verbreiterten Schienen der Hinterbeine.

18 Eine Larve der Nordamerikanischen Kiefernwanze an einer Haustür.

Wanzenparadies Gartenteich

Zahlreiche Wanzenarten zeigen faszinierende Anpassungen an das Leben an, auf oder unter Wasser. Selbst der kleinste Gartenteich bietet schöne Beobachtungsmöglichkeiten. Mit etwas Geduld und Übung lassen sich am Ufer die zierlichen, lang gestreckten Gemeinen Teichläufer *(Hydrometra stagnorum)* entdecken. Kennzeichnend ist ihr stabförmig verlängerter Kopf. Sie laufen vom Ufer aus regelmäßig ein Stück auf die Wasseroberfläche hinaus. Dort können sie ins Wasser gefallene Insekten erbeuten, die sie mit dem Saugrüssel aufspießen und zum Ufer tragen, wo manchmal mehrere Teichläufer gemeinsam daran saugen. Sie überwintern unter Steinen oder Laubstreu mitunter weit vom Gewässer entfernt. Unter der Wasseroberfläche

19 Zwei Teichläufer *(Hydrometra stagnorum)* haben ihre langen Stechsaugrüssel in eine gemeinsame Beute vertieft.

20 Der Rückenschwimmer *(Notonecta glauca)* ist ein geschickter Stoßtaucher.

21 Der Wasserskorpion *(Nepa cinerea)* wirkt urtümlich. Er lebt eher verborgen, ist aber recht häufig.

hängen oft Rückenschwimmer (*Notonecta glauca*) kopfüber und füllen ihren Luftvorrat über eine Kammer am Ende des Körpers auf. Man sollte sie nicht in die Hand nehmen – auch diese »Wasserbienen« können stechen. Und sie können sehr gut fliegen. So erschließen sie schnell neue Lebensräume, sind weit verbreitet und häufig zu finden. Viel gemächlicher geht es beim Wasserskorpion (*Nepa cinerea*) zu. Er bewegt sich langsam am schlammigen Grund oder zwischen Wasserpflanzen. Hier lauert er anderen Insekten, kleinen Fischen oder Kaulquappen auf, die er mit den Vorderbeinen ergreift, welche als auffällige Fangbeine ausgebildet sind. Zur Luftatmung dient ihm am Hinterende ein langes Atemrohr.

SAFARI-TIPP

Wenn man die Wasseroberfläche eines Gartenteichs aus der Nähe ruhig betrachtet, zeigen sich im Laufe der Zeit verschiedene Insekten, denn viele Wasserwanzen und Wasserkäfer kommen in regelmäßigen Abständen zum Luftholen aus der Tiefe nach oben.

Eine Naturgeschichte rund um Blüten und Blattläuse

Das Gemeine oder Europäische Pfaffenhütchen (*Euonymus europaeus*), auch Gewöhnlicher Spindelbaum oder -strauch genannt und der Familie der Spindelbaumgewächse (Celastraceae) zugehörig, ist in Europa weit verbreitet. Als Busch oder kleiner Baum wächst es zerstreut in Hecken, an Waldrändern und in der Strauchschicht von Laubwäldern bis zu acht Meter hoch. Sehr häufig wird es in Gärten kultiviert und breitet sich von dort oft noch weiter aus. Das Pfaffenhütchen ist vor allem wegen seines bunten Herbstlaubs und seiner leuchtend bunten Früchte als Zierpflanze beliebt. Aus der rosarot gefärbten Fruchtkapsel hängen im September und Oktober die für Menschen stark giftigen Samen mit ihrem orangefarbenen Samenmantel (Arillus) an Fäden heraus. Sie stellen bis in den Winter hinein eine wichtige Nahrungsquelle für Vögel dar, die für die Verbreitung der Pflanze sorgen – wir sehen das später in diesem Buch am Beispiel der Stare. Kaum jemand achtet jedoch darauf, dass ein Pfaffenhütchenbusch im Frühling, etwa von April

1 Das blühende Pfaffenhütchen verspricht eine ergiebige Gartensafari.

bis Juni, für zahlreiche Insekten und damit auch für Vögel ein wahres Paradies darstellt, an dem sich faszinierende Beobachtungen machen lassen. Die Basis dafür sind einerseits die eher unscheinbaren, aber sehr nektarreichen Blüten und andererseits Blattläuse. Bei diesem Wort zucken Gartenfreunde oft zusammen, aber hier kann man sehen, welch immense Bedeutung sie in den Nahrungsnetzen eines Gartens haben können.

2 Eine ausgedehnte Kolonie der Schwarzen Bohnenblattlaus *(Aphis fabae)* im Mai an Pfaffenhütchen.

Die grünlichen Blütenstände erscheinen im Frühjahr in kleinen Trugdolden: Jeweils drei bis zehn Blüten stehen zusammen in einem verzweigten Blütenstand, der aus einer Blattachsel hervorgewachsen ist. Die Blüten tragen vier Blütenblätter. Die reichliche Nektarproduktion erfolgt auf dem scheibenförmigen Blütenboden. Damit werden zahlreiche Insekten als Bestäuber angelockt, vor allem Fliegen, aber auch Bienen und Wespen.

Das Pfaffenhütchen ist der wichtigste Primär- oder Winterwirt der Schwarzen Bohnenblattlaus *(Aphis fabae)*. Ihr Entwicklungszyklus ist recht komplex: Die Weibchen legen nach der Paarung im Herbst meist an der Basis der Triebknospen längliche, dunkle Eier, die den Winter überdauern. Aus jedem Ei entwickelt sich ab März eine Blattlaus, die ohne weitere Beteiligung von Männchen – also durch sogenannte Jungfernzeugung oder Parthenogenese – bis zu 80 Nachkommen gebären kann. Sie produzieren wiederum selbst Dutzende Nachkommen. Diese ungeheure Vermehrungskraft ist der Grund, warum Blattlauskolonien im Garten oft plötzlich wie aus dem Nichts auftauchen. Alle diese Blattläuse sind zunächst ungeflügelt und saugen am zuckerreichen Pflanzensaft des Pfaffenhütchens. Im Laufe des Frühlings erscheinen jedoch auch geflügelte Exemplare, deren Anteil stetig wächst.

Sie wechseln schließlich auf andere Pflanzen über, die ihnen als »Sommerwirte« dienen. Dazu zählen verschiedene Kräuter, darunter Ackerbohnen (*Vicia faba*) und Rüben (*Beta vulgaris*).

Schwebfliegen als Blütenbesucher und Blattlausräuber

Der offen angebotene Nektar des Pfaffenhütchens lässt sich mit dem Tupfrüssel von Fliegen leicht aufnehmen, die die Blüten daher in bemerkenswerter Vielfalt aufsuchen. Besonders hübsch sind verschiedene Schwebfliegen, die man hier beobachten kann. Die artenreiche Familie der Schwebfliegen (Syrphidae) ist nach ihrer Fähigkeit benannt, mit rasend schnellen Flügelschlägen in der Luft »stehen« bleiben zu können. So positionieren sie sich häufig auf Waldlichtungen im dort einfallenden Sonnenlicht, aber eben auch in Gärten. Versucht man sie in ihrer schwebenden Position zu ergreifen, schießen sie blitzartig davon – und bleiben meist wenige Meter entfernt wieder »stehen«. Ein weiteres Charakteristikum der Familie besteht in der Perfektion ihrer Nachahmung wehrhafter Insekten: Je nach Art imitieren sie in Gestalt und Färbung Bienen, darunter auch Hummeln, und Wespen. Dieses Phänomen bezeichnet man als Mimikry. Sie sind damit vor Fressfeinden geschützt, die mit Bienen oder Wespen schlechte Erfahrungen gemacht und sich deren Farbmuster eingeprägt haben. Auch dem menschlichen Auge enttarnen Schwebfliegen sich oft erst auf den zweiten Blick. Abseits vom Pfaffenhütchen werden wir im Kapitel zu den spektakulären Fluginsekten des Sommers noch einige weitere sehr auffällige Schwebfliegen näher betrachten.

3 Die Zweiband-Wiesenschwebfliege *(Epistrophe eligans)* erscheint nur im Frühling im Garten und steuert dann zielstrebig Blüten und Blattlauskolonien am Pfaffenhütchen an.

4 Eine Gemeine Feldschwebfliege *(Eupeodes corollae)* tupft Pfaffenhütchennektar auf. Die Art ist an den hellgelben halbmondförmigen Flecken auf dem Hinterleib zu erkennen, die auf den Seitenrand übergehen.

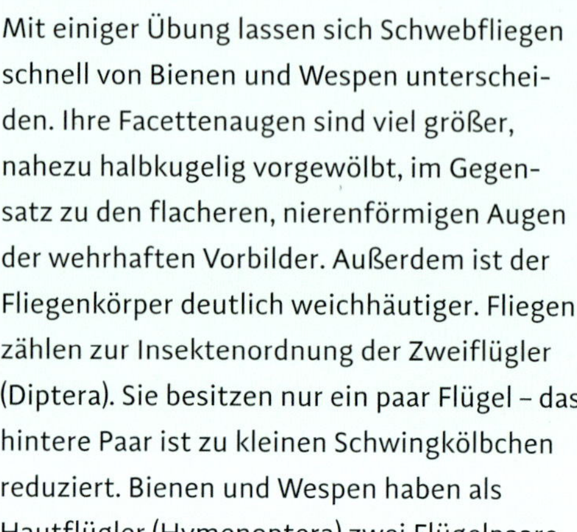

SAFARI-TIPP

Mit einiger Übung lassen sich Schwebfliegen schnell von Bienen und Wespen unterscheiden. Ihre Facettenaugen sind viel größer, nahezu halbkugelig vorgewölbt, im Gegensatz zu den flacheren, nierenförmigen Augen der wehrhaften Vorbilder. Außerdem ist der Fliegenkörper deutlich weichhäutiger. Fliegen zählen zur Insektenordnung der Zweiflügler (Diptera). Sie besitzen nur ein paar Flügel – das hintere Paar ist zu kleinen Schwingkölbchen reduziert. Bienen und Wespen haben als Hautflügler (Hymenoptera) zwei Flügelpaare.

5 Die Larve der Großen Schwebfliege *(Syrphus ribesii)* ist ausgesprochen bunt gefärbt.

Die lange Blütezeit des Pfaffenhütchens von Ende April bis Anfang Juni hat unter Blütenbesuchern insgesamt einen starken Wandel des Artenspektrums zur Folge. Bis Mitte Mai zeigen sich vorwiegend typische Frühlingsarten wie die Zweiband-Wiesenschwebfliege *(Epistrophe eligans)*. Sie ist dadurch unverwechselbar gekennzeichnet, dass sich über den schwarzen Hinterleib eine unterbrochene und danach eine durchgehende gelbe Querbinde ziehen. Nach und nach werden aber solche Arten häufiger, die man während des ganzen Sommerhalbjahres im Garten beobachten kann, zum Beispiel die Gemeine Feldschwebfliege *(Eupeodes corollae)*. Etwa ein Dutzend Schwebfliegenarten lassen sich am Pfaffenhütchen beobachten.

Während erwachsene Schwebfliegen den zuckerreichen Nektar als Energiequelle schätzen, suchen mehrere Arten den Pfaffenhütchen-Strauch noch aus einem anderen Grund auf: Sie wollen ihre Eier hier ablegen. Blattläuse sind die bevorzugte

Nahrung ihrer Larven – die Kolonien der Schwarzen Bohnenblattlaus sind also ideale »Kinderstuben« für Schwebfliegen.

SAFARI-TIPP

Von Blattläusen »befallene« Blätter sind charakteristisch einwärts gekrümmt. Wenn man auf die Unterseite schaut und die Ränder etwas auseinanderbiegt, findet man sowohl die Blattlauskolonien als auch deren Räuber, zum Beispiel verschieden gefärbte Schwebfliegenlarven, die man mit etwas Übung zumindest den Gattungen und manchmal sogar einzelnen Arten zuordnen kann.

6 Die asselartig flache, grüne Wiesenschwebfliegenlarve *(Epistrophe sp.)* ist von den Resten der von ihr verspeisten Blattläuse umgeben.

Die Larven der Großen Schwebfliege (*Syrphus ribesii*), auch Gemeine Garten-Schwebfliege genannt, sind recht bunt: Ein rötliches Rautenmuster zieht sich längs über ihren gelblichen Körper. Besonders interessant sind die Larven der Wiesenschwebfliegen (Gattung *Epistrophe*). Sie sind mit ihrer hellgrünen Farbe bestens getarnt und schmiegen sich zudem mit ihrer flachen Körpergestalt eng an die Blätter an. Der Lebenszyklus von Wiesenschwebfliegen ist dadurch gekennzeichnet, dass sie nur eine Generation im Jahr hervorbringen, die meist zeitig im Frühjahr fliegt. Ihre Larven entwickeln sich nach der Eiablage noch im Frühling und überdauern Sommer, Herbst und Winter in einer langen Ruhephase, die man als »Diapause« bezeichnet. Damit nutzen diese Arten die blüten- und blattlausreiche Zeit von April bis Juni. Nachdem sie sich braun verfärbt haben, verbringen die Larven die Zeit der Diapause ebenfalls nahezu unsichtbar am Boden.

Der Lebenszyklus der Hain-Schwebfliege

Unsere häufigste Schwebfliege, die sich fast das gesamte Jahr über beobachten lässt, ist die Hain- oder Winterschwebfliege *(Episyrphus balteatus)*. Als Winterschwebfliege wird die Art bezeichnet, weil sie auch an milden Tagen im Dezember oder Januar hervorkommt. Sie sonnt sich dann häufig auf trockenem Laub. Außerdem zählt sie zu den wandernden Insektenarten: Über Alpenpässe ziehen im Frühjahr oft große Mengen von Schwebfliegen nach Mitteleuropa. Zu den unverkennbaren Merkmalen der Hain-Schwebfliege zählen die dunklen Querbinden auf dem orangenen Hinterleib des zarten Insekts. Hinter einigen der durchgehenden schwarzen Streifen liegen weitere bogenförmige unterbrochene Streifen, die in ihrem Aussehen an Schnurrbärte erinnern. Männchen und Weibchen lassen sich gut anhand der großen, roten Komplexaugen unterscheiden: Beim Männchen stoßen sie an der Stirn aneinander, beim Weibchen bleiben sie deutlich getrennt.

7 Männchen (oben) und Weibchen der Hain-Schwebfliege *(Episyrphus balteatus)*.

8 Diese Hain-Schwebfliege verharrt im typischen Schwebeflug in der Luft.

Im Frühling zeigen die Weibchen der Hain-Schwebfliege ein auffälliges Verhalten: Sie fliegen an Büschen wie dem Pfaffenhütchen und an anderen Pflanzen entlang, lassen sich prüfend an Blättern nieder – und immer wieder krümmen sie den Hinterleib, um jeweils ein einzelnes längliches, leuchtend weißes Ei abzulegen. Schaut man sich den Eiablageplatz näher an, fallen ganz in der Nähe Blattlauskolonien auf. Und tatsächlich zeigt sich bereits die frisch geschlüpfte Fliegenlarve als gefräßiger Räuber: Sie attackiert die nächstgelegene Blattlaus, bohrt sie an und saugt sie aus. Da sie in der Kolonie der nahezu reglosen Blattläuse wie im Schlaraffenland sitzt, wächst sie schnell heran und vertilgt auf diese Weise Hunderte von Blattläusen. Im Garten erweist sie sich daher als äußerst nützlich.

9 Das Hain-Schwebfliegenweibchen krümmt seinen Hinterleib auf die Unterseite der Blattspreite ...

10 ... und legt ein längliches weißes Ei direkt neben eine Blattlauskolonie.

11 Zwei ausgewachsene Larven der Hain-Schwebfliege.

Auch als Larve ist diese Art leicht erkennbar: Sie besitzt eine transparente Haut, durch die die inneren Organe sichtbar werden. Zweimal häutet sie sich in ihrem Larvenleben, dann ist sie ausgewachsen und außerdem besonders gefräßig. Nachdem sie sich insgesamt gut eine Woche lang durch die Blattlauskolonien gefressen hat – auf ihrem Körper kleben in dieser Zeit meist die Hüllen ausgesaugter Blattläuse –, stellt sie die Nahrungsaufnahme ein. Nun verpuppt sie sich; die Larvenhaut verformt sich dafür zu einem tropfenförmigen »Puparium«. Im Innern geschieht nun innerhalb weniger Tage ein komplexer Umbauprozess, und das typische Schwebfliegenmuster schimmert bald durch die Außenhaut. Nun ist es so weit: Die Hülle springt auf, und die erwachsene Fliege schlüpft heraus. Ihre Flügel muss sie allerdings erst aufpumpen und aushärten lassen, bevor sie abfliegen kann. Als häufiger Blütenbesucher ernährt sie sich von Pollen und Nektar und trägt zur Bestäubung von Blütenpflanzen bei.
Auch die als Larven so räuberisch lebenden Schwebfliegen haben Feinde: Schlupfwespen patrouillieren an den Blattlauskolonien und suchen nach Schwebfliegenlarven. Werden sie fündig, stechen sie blitzschnell zu und platzieren ein Ei in deren Körper. Die Schlupfwespen-Larve ernährt sich als Parasitoid im Körper des Wirts von dessen Fettvorräten, bis sie schließlich

die Organe der Larve oder Puppe der Schwebfliege vollständig frisst und sich selbst verpuppt. Zu den häufigen Gegenspielern der Hain-Schwebfliege zählen die Schlupfwespenarten *Diplazon laetatorius* und *Syrphoctonus tarsatorius*. Erwachsene Schwebfliegen fallen häufig Spinnen, Wespen oder Raubfliegen zum Opfer. Und natürlich können sie in allen Stadien Vögeln als Nahrung dienen – sofern diese sich nicht von der Wespenmimikry der erwachsenen Schwebfliegen abschrecken lassen.

12 Im Puparium ist kurz vor dem Schlüpfen schon das orange-schwarze Streifenmuster der Hain-Schwebfliege erkennbar.

13 Die frisch geschlüpfte Schwebfliege benötigt einige Zeit, um ihre Flügel zu entfalten und auszuhärten.

14 Die Schlupfwespe *Diplazon laetatorius* hat ihren Legebohrer in der Hain-Schwebfliegenlarve vertieft. Aus ihr wird sich nun also keine Schwebfliege, sondern eine Schlupfwespe entwickeln.

15 Eine Raubfliege (Familie Asilidae) hat eine Hain-Schwebfliege erbeutet und ist mit ihrer bereits gelähmten Beute auf dem Sicherheitsnetz eines Gartentrampolins gelandet. Mit ihrem Stechrüssel saugt sie die Schwebfliege aus.

Nützling mit unerwünschten Nebeneffekten: der Asiatische Marienkäfer

Im April wird auch der Asiatische Marienkäfer (*Harmonia axyridis*) am Pfaffenhütchen aktiv – und überall sonst, wo Blattlauskolonien im Garten zu finden sind. Er besiedelt vorwiegend Bäume und Büsche und ist im Siedlungsbereich inzwischen die häufigste Marienkäferart. Mit sechs bis acht Millimeter Länge ist er recht groß und äußerst variabel gefärbt. Die Grundfarbe der Flügeldecken kann ein kräftiges Rot oder auch ein gelbliches Orange sein. Auch die Zahl der schwarzen Punkte ist nicht festgelegt: Oft sind es 19, manchmal fehlen sie aber auch komplett, und in anderen Fällen sind sie zu einer schwarzen Fläche zusammengeflossen, die dann nur zwei bis vier rundliche rote Flecken übrig lässt. Ein typisches Merkmal ist die schwarze W-förmige Zeichnung auf dem weißen Halsschild.

SAFARI-TIPP

Wegen der unterschiedlichen bunten Färbung wird der Asiatische Marienkäfer auch »Harlekin« genannt – man kann das im Winterhalbjahr sehr gut beobachten, wenn es die Käfer massenhaft ins Warme zieht und sie sich an Fensterrahmen und -bänken versammeln.

Im Frühling muss sich der Asiatische Marienkäfer wie die Schwebfliegen mit der Fortpflanzung an den gerade austreibenden Blättern des Pfaffenhütchens

16 Im April paaren sich diese beiden Asiatischen Marienkäfer *(Harmonia axyridis)* auf Pfaffenhütchenblättern.

17 Die spindelförmigen gelben Eier legen Asiatische Marienkäfer zahlreich in Form sogenannter Eispiegel auf der Blattunterseite ab.

beeilen, während sich die Blattläuse, die ihm als Nahrung dienen, in Massen entwickeln. So paaren sich die Asiatischen Marienkäfer gerne am Pfaffenhütchen und legen direkt neben die Blattlauskolonien ihre gelben Eispiegel. Aus ihnen schlüpfen nach wenigen Tagen schwarze Larven, die sich sogleich über die Blattläuse hermachen. Die Käferlarven wachsen schnell, häuten sich im Laufe der Zeit zweimal und sind schließlich mit teilweise orange gefärbten Borsten auf dem Rücken kontrastreich anzusehen. Nach rund zwei Wochen verpuppen sie sich – und haben in dieser Zeit über tausend Blattläuse verspeist. Die bunte, tropfenförmige Puppe, die man leicht auf Blättern entdecken kann, entlässt nach fünf weiteren Tagen den ausgewachsenen Käfer.

18 Eine ausgewachsene Larve des Asiatischen Marienkäfers verweilt neben ihrer Beute, Schwarzen Bohnenblattläusen.

19 Die Puppe des Asiatischen Marienkäfers zeigt Fressfeinden mit kontrastreicher Warnfärbung ihre Ungenießbarkeit an.

Der Harlekin stammt aus Ostasien. Vor rund 100 Jahren wurde seine hohe Effektivität bei der biologischen Schädlingsbekämpfung entdeckt, wofür man ihn in den folgenden Jahrzehnten in Amerika und Europa einsetzte. Gegen Ende des letzten Jahrhunderts begann er, sich in diesen Gebieten auszubreiten, seit dem Jahr 2000 auch in West- und Mitteleuropa. Inzwischen ist er nahezu weltweit verbreitet. Da seine Larven nicht nur Blattläuse fressen, sondern auch kannibalisch sind und insbesondere die Larven anderer Blattlausräuber nicht verschonen, verdrängt er offenbar massiv andere Nützlinge. Vor allem der Zweipunkt-Marienkäfer (*Adalia bipunctata*), der ebenfalls bevorzugt an Gehölzen lebt, wird kaum noch gefunden.

Alle Marienkäfer sind durch Bitterstoffe ungenießbar und zeigen das gegenüber Fressfeinden mit ihrer bunten Farbe an. Der Asiatische Marienkäfer ist anderen Marienkäferarten aber durch »biologische Waffen« überlegen: Sein Abwehrstoff Harmonin macht ihn unempfindlicher gegenüber Bakterien.

Auch trägt er winzige, für ihn selbst harmlose Parasiten, sogenannte Mikrosporidien, im Körper. Infiziert er damit andere Marienkäfer, wenn sie beispielsweise seine Eier oder Larven fressen, endet das für sie meist tödlich. Und noch ein Nebeneffekt ist problematisch: Im Herbst werden die Käfer von reifen Trauben angelockt. Geraten ihre bitteren Körpersäfte in den Wein, kann auch er ungenießbar werden.

Hornissen, Taghafte, Krabbenspinnen: Kuriositäten im Nahrungsnetz des Pfaffenhütchens

Der Nektarreichtum der Pfaffenhütchenblüten ist auch für Bienen attraktiv: Honigbiene *(Apis mellifera)* und Baumhummel *(Bombus hypnorum)* steuern Pfaffenhütchen gerne an. Hin und wieder kann man außerdem einige weitere Wildbienenarten entdecken. Die kleinen Staubblätter stellen aber keine bedeutsame Pollenquelle dar. Wespen können dem süßen Sekret ebenfalls nicht widerstehen. Zur Versorgung ihrer Larven jagen sie zwar andere Insekten, den eigenen Energiebedarf decken sie aber mit dem zuckerreichen Nektar. Die sozialen Faltenwespen, die im Sommer große Völker aufbauen (wir werden uns später noch ausführlich damit beschäftigen), sind im Frühjahr ohnehin nur in geringer Zahl im Garten unterwegs: Es sind die jungen Königinnen, die den Winter überstanden haben und sich jetzt in der kräftezehrenden Phase der Nestgründung befinden. Zu ihnen zählt als größte Art die Hornisse *(Vespa crabro)*. Immer wieder tauchen einzelne Hornissenköniginnen an Pfaffenhütchen auf und

20 Die Hornissenkönigin *(Vespa crabro)* nutzt den Pfaffenhütchennektar als lebenswichtige Energiequelle.

laben sich ausgiebig am süßen Nektar. Eine weitere zuckerhaltige Nahrungsquelle für verschiedene Insekten ist der Honigtau. So nennt man die Ausscheidungen der Blattläuse, die damit überschüssigen Zuckersaft loswerden, den sie von der Pflanze aufnehmen, denn sie haben es vorwiegend auf die darin enthaltenen Eiweißverbindungen abgesehen. Besonders Ameisen schätzen den Honigtau sehr. Sie betrillern die Blattläuse mit ihren Fühlern, damit diese den Honigtau in Tröpfchenform mundgerecht absondern. Im Gegenzug beschützen sie die Blattlauskolonien sogar vor Fressfeinden – so gut es eben geht.

21 Ein Brauner Taghaft *(Micromus angulatus)* verköstigt sich an Schwarzen Bohnenblattläusen.

22 Mit ihrer faszinierenden Tarnung hat die Dreiecks-Krabbenspinne *(Ebrechtella tricuspidata)* zwischen den Pfaffenhütchenblüten einer Schmeißfliege (*Lucilia* sp.) erfolgreich aufgelauert.

Zu diesen Fressfeinden der Blattläuse gehört auch der Braune Taghaft *(Micromus angulatus)*. Er zählt wie Florfliegen und Ameisenjungfern zur Insektenordnung der Netzflügler. Es ist nicht leicht, dieses Insekt, das im Garten nicht selten ist, zu entdecken, denn es ist hervorragend getarnt und ähnelt einem kleinen vertrockneten Blatt. Bis zu fünf Generationen gibt es pro Jahr, sowohl die Larven als auch die erwachsenen Taghafte fressen Blattläuse.

An den Blüten kann wiederum ein anderer Räuber in perfekter Tarnung lauern: die Dreiecks-Krabbenspinne *(Ebrechtella tricuspidata)*. Sie ist aufgrund der grünlichen Färbung und der pinkfarbenen Zeichnung auf dem Körper, die ihre Umrisse optisch auflöst, praktisch unsichtbar. Mit weit ausgebreiteten Beinen wartet sie geduldig, bis ein blütenbesuchendes Insekt in ihre Nähe kommt, und schlägt dann blitzschnell zu. Ein Netz benötigt sie nicht, ihr lähmender Biss ist ihre einzige Waffe.

Grasmücken fallen ein

Der dramatische Rückgang der Insekten in Deutschland ist eine der wesentlichen Ursachen für den Rückgang der Vögel, denn fast alle heimischen Arten müssen zumindest ihre Jungen mit Insekten aufziehen – sie liefern die unentbehrlichen Proteine für das Wachstum der Küken. Wenn sich Insekten in so hoher Zahl und Dichte am Pfaffenhütchen nachweisen lassen, sollte das folglich auch Vögel anlocken.

Am Pfaffenhütchen lassen sich mit großer Zuverlässigkeit Grasmücken beobachten – zierliche Singvögel mit einem feinen, pinzettenartigen Schnabel, der ein optimales Werkzeug darstellt, um Insekten von Pflanzen »abzuzupfen«. Die Mönchsgrasmücke *(Sylvia atricapilla)* ist unsere häufigste Grasmückenart. Ihr ursprünglicher Lebensraum sind lichte, gebüschreiche Wälder. Sie hat sich wunderbar an das Leben in Parkanlagen und Gärten angepasst und kommt sogar in Innenstädten vor, sofern es dort Inseln mit Büschen und Bäumen gibt.

SAFARI-TIPP

Grasmücken sind wachsame Vögel, denen man sich nur schwer nähern kann. Deshalb ist es ratsam, in der Nähe der Büsche, in denen sie sich gern aufhalten, ein kleines Tarnzelt aufzubauen, aus dem man sie unauffällig beobachten oder fotografieren kann. Wenn der Busch vor dem Fenster steht, ist es noch einfacher – man muss sich hinter der Scheibe nur ruhig verhalten. So sind auch die hier gezeigten Aufnahmen entstanden.

23 Das Mönchsgrasmückenmännchen *(Sylvia atricapilla)* ist im Pfaffenhütchen gelandet und beginnt mit der Insektensuche.

24 Futter für den Nachwuchs: ein Schnabel voller Schwarzer Bohnenblattläuse und Schwebfliegenlarven.

25 Auch das Weibchen der Mönchsgrasmücke begibt sich auf Futtersuche …

26 … und hat Erfolg: Die grüne Schwebfliegenlarve wird im Schnabel der Vogeljungen enden.

Männchen und Weibchen der überwiegend grau gefärbten Vögel sind leicht zu unterscheiden: Die Männchen tragen eine schwarze »Mönchskappe« auf dem Kopf, bei den Weibchen ist diese rotbraun. Allerdings bekommt man die Vögel im dichten Gebüsch nicht so leicht zu Gesicht. Ihr Gesang ist aber unüberhörbar: Die Männchen tragen laut flötend ihre lang anhaltenden Strophen aus Hecken und Sträuchern vor. Die Brutzeit beginnt im April oder Mai. Im Dickicht von Brennnesseln oder tief in Büschen werden die napfförmigen Nester angelegt. Meist müssen die Eltern vier bis fünf Jungvögel knapp zwei Wochen im Nest und dann noch zwei bis drei Wochen nach dem Ausfliegen mit Insekten und Spinnen versorgen. Haben sie ein Pfaffenhütchen voller Blattlauskolonien entdeckt, kehren sie tage- oder sogar wochenlang immer wieder dorthin zurück und picken sowohl die Blattläuse als auch die daran lebenden räuberischen Insekten, vor allem Schwebfliegenlarven, auf. Dabei klettern sie akrobatisch bis in die Zweigspitzen hinein. Von außen verrät zunächst nur das Ruckeln einzelner Zweige die Anwesenheit der Vögel. Außerhalb der Brutzeit schätzen Mönchsgrasmücken Beeren sehr – deshalb kann man sie im Herbst oft noch einmal am Pfaffenhütchen beobachten, wenn die Früchte reif sind.

Von den Blattlauskolonien wird auch eine nahe Verwandte der Mönchsgrasmücke angelockt: die Klappergrasmücke (*Sylvia curruca*). Sie wirkt etwas kleiner und gedrungener als die Mönchsgrasmücke. Oberseits ist sie einheitlich graubraun, unterseits nahezu weiß gefärbt. Die dunkelgrauen Wangen bilden einen auffallenden Kontrast zur weißen Kehle. Männchen und Weibchen sind äußerlich kaum unterscheidbar. Die Klappergrasmücke ist ebenfalls ein typischer Gartenvogel, allerdings in geringerer Dichte auftretend als die Mönchsgrasmücke. Ihren Namen hat sie von ihrem unverkennbaren »klappernden« Gesang. Diese lauten, gleichförmigen Strophen folgen stets auf ein leises Schwätzen. Das Klappern hat der Klappergrasmücke auch den Namen »Müllerin« oder »Müllerchen« eingetragen. Sie baut ihre Nester in dichtem, oft dornigem Gebüsch, manchmal auch in Nadelgehölzen. Mönchs- und Klappergrasmücke erscheinen meist abwechselnd am Pfaffenhütchen, denn Mönchsgrasmücken dulden die Nahrungskonkurrenz nicht und starten umgehend wilde Verfolgungsflüge. Interessant ist übrigens das unterschiedliche Zugverhalten der beiden Arten: Mönchsgrasmücken sind Kurz- und Mittelstreckenzieher und überwintern in Großbritannien, in Südwesteuropa oder am Mittelmeer, während Klappergrasmücken als Langstreckenzieher den Winter im östlichen Afrika verbringen.

Natürlich nutzen auch andere Gartenvögel den reich gedeckten Tisch am Pfaffenhütchen: Kohlmeise (*Parus major*) und Blaumeise (*Cyanistes caeruleus*) suchen gezielt nach Schwebfliegenlarven, und auch Haussperling (*Passer domesticus*) und Feldsperling (*Passer montanus*) füttern ihren Nachwuchs mit den Insekten, die sie hier erbeuten können.

27 Die Klappergrasmücke (*Sylvia curruca*) inspiziert aufmerksam die Pfaffenhütchenzweige …

28 … und hat bald eine nahrhafte Kolonie der Schwarzen Bohnenblattlaus ausfindig gemacht.

Gespinstmotten

Man könnte den Überblick über das vielfältige Geschehen am Pfaffenhütchen im Frühling nun abschließen, wären einzelne Zweige und manchmal der ganze Strauch im Mai nicht regelmäßig

29 Die Gespinste der Pfaffenhütchen-Gespinstmotte *(Yponomeuta cagnagella)* sind ein wirkungsvoller Schutz gegen Fressfeinde.

30 Die Gespinstmottenraupen leben gesellig und ziehen gemeinsam bis zur Verpuppung von Zweig zu Zweig.

von weithin sichtbarer weißer Spinnseide umhüllt. Schaut man sich diese Gespinste aus der Nähe an, entdeckt man bald eine Gruppe gefräßiger Raupen. Sie sind manchmal hellgelb, manchmal grau gefärbt, haben schwarze Köpfe und tragen auf dem Körper Längsreihen schwarzer Punkte. Es sind die Raupen der Pfaffenhütchen-Gespinstmotte *(Yponomeuta cagnagella)*. Ihre dichte Spinnseide schützt sie weitgehend vor dem Zugriff hungriger Vögel. Sie können einen Pfaffenhütchenstrauch teilweise – bei Massenvermehrungen auch ganz – kahl fressen. In manchen Jahren stehen die umsponnenen Pfaffenhütchengerippe geisterhaft an Wegrändern und in Hecken. Das Pfaffenhütchen geht daran jedoch nicht zugrunde – es treibt schnell wieder aus. Am Ende des Frühlings verpuppen sich die Raupen in den Gespinsten.

Im Hochsommer schlüpfen dann die Falter. Sie zählen zur artenreichen Heerschar der Kleinschmetterlinge, denen meist wenig Beachtung geschenkt wird. Da sie aber strahlend weiß gefärbt sind – mit Längsreihen kleiner schwarzer Punkte auf den Vorderflügeln –, fallen sie im Garten doch auf, wenn sie die Blüten von Sommerflieder, Goldrute oder Dost anfliegen, um mit ihrem gelben Saugrüssel Nektar zu trinken. Nach der Paarung legen die Weibchen Eier an Pfaffenhütchenzweigen ab, und im April des Folgejahres schlüpfen daraus winzige Räupchen. Dass die Raupen der Gespinstmotten nicht in jedem Jahr in gleicher Zahl auftreten, liegt einerseits daran, dass sie in Raupenfliegen und Schlupfwespen mächtige Gegenspieler haben. Sie legen ihre Eier in oder an den Raupen oder Puppen ab. Ihre Larven wachsen in deren Körper zunächst parasitisch heran, verzehren aber schließlich auch die lebenswichtigen Organe und töten ihre Wirte damit. Andererseits können Witterungseinflüsse wie Kälteeinbrüche oder anhaltende Regenphasen zur falschen Zeit die Entwicklung der Gespinstmotten beeinträchtigen. So kommt es zu starken Populationsschwankungen.

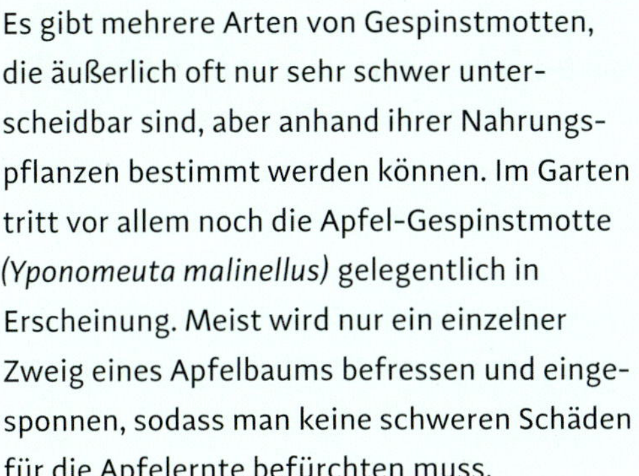

SAFARI-TIPP

Es gibt mehrere Arten von Gespinstmotten, die äußerlich oft nur sehr schwer unterscheidbar sind, aber anhand ihrer Nahrungspflanzen bestimmt werden können. Im Garten tritt vor allem noch die Apfel-Gespinstmotte *(Yponomeuta malinellus)* gelegentlich in Erscheinung. Meist wird nur ein einzelner Zweig eines Apfelbaums befressen und eingesponnen, sodass man keine schweren Schäden für die Apfelernte befürchten muss.

Andere Schmetterlingsraupen am Pfaffenhütchen verhalten sich unauffällig und setzen auf Tarnung, wie die überwiegend grün gefärbten Raupen des Pfaffenhütchen-Harlekins oder Pfaffenspanners *(Ligdia adustata)*. Der Falter ist jedoch sehr auffällig, denn auf den cremeweißen Flügeln hebt sich eine schwarzbraune Musterung kontrastreich ab: Neben der dunklen Flügelbasis ist eine breite, geschwungene Querbinde auf den Vorderflügeln charakteristisch. Als Nachtfalter wird er erst in der Dämmerung aktiv und ruht tagsüber auf Blättern oder auch an der Hauswand. Er ist im Frühling von April bis Juni zu beobachten und in einer zweiten Generation im Sommer von Juli bis September.

31 Eine Pfaffenhütchen-Gespinstmotte im Sommer an den Blüten der Kanadischen Goldrute.

32 Ein Pfaffenhütchen-Harlekin *(Ligdia adustata)* an einer Hauswand. Er zählt zur Familie der Spanner (Geometridae) und kann fast durchgehend von April bis September im Garten beobachtet werden, sofern dort Pfaffenhütchen wachsen.

Vogelbeobachtungen rund ums Haus

1 Auch strömender Regen kann dieses Amselweibchen *(Turdus merula)* nicht davon abhalten, Ende März Nistmaterial zu sammeln.

2 Eine brütende Amsel.

Vielfältige Vogelgesänge verkünden den Frühling im Garten. Aus nächster Nähe lassen sich nun Revierstreitigkeiten, Balz, das Sammeln von Nistmaterial und von Futter für den Nachwuchs beobachten. Die Vogelwelt rund ums Haus wandelt sich im Laufe der Zeit: Während es einige früher eher scheue Bewohner von Wald und Feld zunehmend in Dörfer und Städte zieht, gibt es auch unter den klassischen Gartenvögeln einige dramatisch negative Entwicklungen zu verzeichnen – vor allem für Gebäudebrüter werden Nistplätze knapp.

Die Amsel: »der« Gartenvogel

In den Frühlingsmonaten erklingt in Dörfern und Städten morgens und abends der flötende, melodische Gesang der Amsel (*Turdus merula*). Die Männchen tragen ihn von erhöhten Punkten aus vor, sehr oft von Dachfirsten. Im Februar/März, wenn die Reviere gebildet werden, kommt es regelmäßig zu heftigen Auseinandersetzungen zwischen den schwarzen Männchen. Flügelschlagend steigen sie Brust an Brust in die Höhe und verkrallen sich dabei manchmal regelrecht ineinander. Amseln verfügen über ein charakteristisches Repertoire an Warnrufen: Nähert sich ein Feind am Boden, warnt die Amsel »dück«. Ein Feind aus der Luft wird mit »ssieh« angekündigt. Bei heftiger Aufregung verfallen Amseln in ein Tixen: »tix-tix-tix«. Bis ins 19. Jahrhundert hinein war die Schwarzdrossel, wie die Amsel auch genannt wird, noch in weiten Teilen Deutschlands ausschließlich ein scheuer Waldvogel. Im Siedlungsbereich profitiert sie inzwischen aber von Rasenflächen, aus denen sie Regenwürmer zieht, von dichten Hecken, Gebüschen und Gebäudenischen, die als Brutplätze genutzt werden, und im Winter von milderen Temperaturen und Fütterungen. Zwei bis vier Bruten pro Jahr schafft ein Amselpärchen zwischen März und August. Das sorgfältig geformte, napfförmige Nest wird vom Weibchen aus allerlei Halmen, Zweigen und Plastikschnüren gebaut und innen mit feuchter Erde und Moos ausgekleidet. In der Wahl des Brutplatzes sind Amseln sehr fantasievoll: In dichten Büschen werden die Nester ebenso angelegt wie auf Außenlampen an Hauswänden oder in Blumenkästen. Ein Amselgelege umfasst vier bis fünf Eier. Die grünlich blauen Eier sind unverwechselbar rötlich braun gesprenkelt. Nach zweiwöchiger Brut schlüpfen die Jungen.

SAFARI-TIPP

Die Eischalen werden von den Amseleltern nach dem Schlüpfen der Jungen fortgetragen und in einiger Entfernung fallen gelassen. Sie liegen dann oft mitten auf dem Rasen – ein typischer »Frühlingsfund« im Garten.

3 Ein Amselgelege im Napfnest. Rabenvögel, Marder, Eichhörnchen, Waschbären und viele andere Räuber sorgen dafür, dass nur ein Teil der Bruten erfolgreich ist.

4 In einem Weinstock am Haus, direkt neben einem Treppenaufgang, liegt das Nest dieser Amselküken.

5 Ein kürzlich ausgeflogenes Amseljunges wartet in einer Hecke auf seine nächste Fütterung.

6 Den ganzen Sommer über sind die Amseleltern mit der Aufzucht ihrer Jungen beschäftigt. Dieses Amselmännchen, von der Mauser – dem spätsommerlichen Wechsel des Federkleides – gezeichnet, sammelt noch im August Regenwürmer.

Mehr als zwei Wochen lang werden die hungrigen Jungen nun im Nest mit Regenwürmern und Insekten gefüttert. Man sieht die Amseleltern aufmerksam über den Rasen laufen und Würmer aus dem Boden ziehen, bis der Schnabel voll ist. Im Unterholz scharren sie geräuschvoll, indem sie mit dem Schnabel das Laub wenden. Im Sommer springen sie sogar Heuschrecken hinterher. Wenn die Jungen flügge werden und das Nest verlassen, werden sie noch mehrere Tage lang weitergefüttert – und fordern das mit dem charakteristischen Bettelgeschrei (etwa »dschröt-dschrit«) ein.

Weitere Drosseln im Garten

Eine nahe Verwandte der Amsel hat ebenfalls den Weg vom Wald in Parks und Gärten angetreten: die Singdrossel (*Turdus philomelos*). Allerdings ist sie wesentlich menschenscheuer geblieben, hält sich vorzugsweise in der Deckung von Gehölzen auf und lässt sich daher seltener bei der Nahrungssuche auf Rasenflächen beobachten. Dennoch zählt sie zu unseren auffälligsten Gartenvögeln, und zwar

7 Die schwarzen Keilflecken auf der hellen Brust und dem weißen Bauch kennzeichnen die Singdrossel *(Turdus philomelos)*.

wegen ihres unverwechselbaren Gesangs. Ihre sehr klaren, melodischen Motive trägt sie hoch oben in Baumwipfeln vor. Charakteristisch ist die mehrfache Wiederholung der Motive. Regelmäßig baut sie auch nachgeahmte Rufe anderer Vogelarten ein.

SAFARI-WISSEN

Gehäuseschnecken zählen zur Lieblingsnahrung der Singdrossel. Sie ergreift die Gehäuse mit dem Schnabel an der Mündung und zerschlägt sie auf Steinen. Da sie geeignete Steine – das können auch Gehwegplatten sein – immer wieder aufsucht, sammeln sich dort immer mehr zerbrochene Gehäuse an. Eine solche Stelle bezeichnet man als Drosselschmiede.

8 Drosselschmiede: Die zerschlagenen Schnirkelschneckengehäuse zeugen vom Jagderfolg der Singdrossel.

Die Wacholderdrossel *(Turdus pilaris)* ist unsere bunteste Drossel. Sie ist erst im Laufe der letzten 200 Jahre bei uns eingewandert. Ihre ursprünglichen Brutgebiete liegen im hohen Norden, nämlich in der sibirischen Taiga. Von hier aus expandierte sie in mehreren Wellen Richtung Südwesten. Heute reicht ihr Verbreitungsgebiet von Westeuropa bis zum Amur, in Mitteleuropa erstreckt es sich bis zum Südrand der Alpen. Während sich die Wacholderdrossel in Brandenburg und Bayern bereits zwischen 1820 und 1850 niederließ, wurde sie im stärker atlantisch geprägten Westen Deutschlands erst zwischen 1940 und 1970 sesshaft. Bis in die 1980er-Jahre hinein wuchsen ihre Brutbestände weiter an. Eine zunehmende Verstädterung bewirkte außerdem, dass sie sich seither ebenfalls oft in Parkanlagen und Gärten beobachten lässt. Leider sind in vielen der neu eroberten Regionen teils drastische Bestandseinbrüche zu verzeichnen, denn vor allem durch die Intensivierung der Landwirtschaft sind Brutplätze und Nahrung knapp geworden.

9 Die Wacholderdrossel *(Turdus pilaris)* ist sofort an ihrer einzigartigen Färbung zu erkennen: Die Flügel sind oberseits braun, Kopf und Bürzel grau; die rostbraune Brust ist kräftig schwarz gefleckt.

Der Gesang klingt schwätzend-zwitschernd, und ihr lauter, schackernder Ruf erinnert fast an eine Elster. Wacholderdrosseln bauen ihre Nester in Bäumen, meist in halboffenen Landschaften, und zwar in lockeren Kolonien. Das erleichtert die Feindabwehr: Koordinierte Luftangriffe in Kombination mit höchst unangenehmen Kotspritzern lassen Greifvögel oder Füchse schnell abdrehen. Nach der ersten Brut im Frühjahr erfolgt manchmal noch eine zweite im Sommer. Die Jungen werden mit Regenwürmern und Insekten gefüttert. Später im Jahr bilden Beeren und Früchte die Hauptnahrung. In jährlich wechselnder Zahl kommen Wacholderdrosseln im Herbst und Winter aus dem Nordosten nach Mitteleuropa, oft in großen Schwärmen. Mit ausgelegten Äpfeln lassen auch sie sich leicht in den Garten locken.

Stare leben gesellig

Wie die Amsel gehört der Star *(Sturnus vulgaris)* zu den häufigsten Gartenvögeln. Standesgemäß setzen sich die Männchen in Szene, wenn sie flügelschlagend zum nasalen Balzgesang ansetzen, in den sie neben anderen Vogelstimmen alle möglichen Geräuschimitationen einbauen. Gebrütet wird in lockeren Gruppen in Baumhöhlen und Nistkästen. Die Weibchen legen einzelne Eier auch gern mal in fremde Starennester. Um die stets hungrigen Jungen zu versorgen, schreiten die grünlich violett schillernden Eltern würdevoll auf Rasenflächen umher und ziehen mit ihren spitzen Schnäbeln gekonnt Würmer und Insektenlarven aus dem Boden. Schon ab Mitte Mai werden die Eltern dabei von ihrem aufdringlichen Nachwuchs verfolgt.

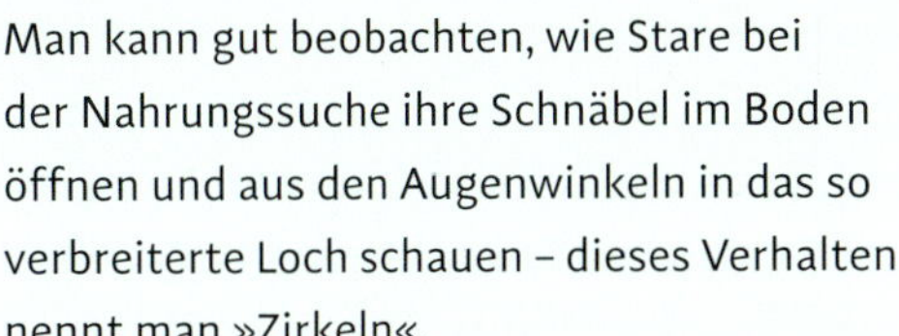

SAFARI-TIPP

Man kann gut beobachten, wie Stare bei der Nahrungssuche ihre Schnäbel im Boden öffnen und aus den Augenwinkeln in das so verbreiterte Loch schauen – dieses Verhalten nennt man »Zirkeln«.

Im Sommer folgt oft eine weitere Brut. Ihren starken Hang zur Geselligkeit leben Stare auch beim gemeinschaftlichen Bad aus, etwa im flachen Gartenteich oder in bereitgestellten Vogeltränken. Vom Sommer an haben es Stare vor allem auf reifende Früchte abgesehen, wie schon mancher Kirschbaumbesitzer leidvoll erfahren musste. Im Herbst landen größere Gruppen unter anderem in Pfaffenhütchenbüschen, um die hellroten Früchte

10 Natürlicherweise nutzen Stare *(Sturnus vulgaris)* Baumhöhlen zum Brüten. Nistkästen werden als gleichwertiger Ersatz angenommen.

11 Dieser Star hat eine Käferlarve aus dem Rasen gezogen.

12 Die ausgeflogenen Jungstare folgen den Nahrung suchenden Eltern auf Schritt und Tritt.

13 Stare lieben ausgiebige Bäder an Wasserstellen im Garten.

14 Gekonnt hat der Star den Arillus als verwertbaren Teil der Pfaffenhütchenfrucht abgezupt. Im September/Oktober stellen Pfaffenhütchen (auch »Rotkehlchenbrot« genannt) eine beliebte Nahrungsquelle für viele Vögel dar.

zu ergattern. Mit ihren tropfenartig weißen Federspitzen, die sich bis zum Frühjahr abnutzen, sind sie echte Hingucker. Sie werden nun als »Perlstare« bezeichnet. Die Jungvögel haben zu dieser Zeit noch eine bräunliche Grundfärbung.

In der Zugzeit, wenn es die meisten Stare nach Südwesteuropa zieht, kann man über einigen Städten die spektakulären Flugschauspiele großer Starenschwärme beobachten, obwohl die Zahlen früherer Zeiten aufgrund der großen Bestandsrückgänge seit den 1970er-Jahren nur noch selten erreicht werden. Auf Stromleitungen, Masten, Kirchtürmen oder Parkbäumen lassen sich die schwatzhaften Gemeinschaften gegen Abend nieder. Zunehmend überwintern Stare jedoch auch im westlichen Mitteleuropa und kommen im Winter an Futterstellen im Garten. Obwohl der Star zumindest in den meisten Regionen noch immer häufig ist, geben die starken Rückgänge der letzten Jahrzehnte Anlass zur Sorge – die Verluste an Brutpaaren in Mitteleuropa gehen in die Millionen. Die Art steht deshalb als »gefährdet« (Kategorie 3) auf der Roten Liste der Brutvögel Deutschlands.

Spatzen folgen dem Menschen

Der Haussperling *(Passer domesticus)* ist seit jeher ein enger Begleiter des Menschen. Sein »Tschilp-tschilp« prägt den Siedlungsbereich, wo immer er ausreichend Nahrung und Nistplätze findet. An Gebäuden brütet er in allen möglichen Nischen und Höhlen, legt seine Kugelnester aber auch frei in Bäumen an. Meist brüten mehrere Paare in geselliger Nachbarschaft. Bei der Balz strecken die Männchen die Brust vor, lassen die Flügel zitternd hängen, erheben den gefächerten Schwanz und schreiten vor den Weibchen mit Verbeugungen auf und ab. Der schwarze Fleck auf Kehle und Brust gibt Auskunft über die Fitness eines Männchens: Er ist bei guter Verfassung ausgedehnter und intensiver.

Im Laufe der Brutzeit sind Paarungen immer wieder zu beobachten. Obwohl sich Haussperlinge überwiegend von Pflanzensamen oder auch Abfällen wie Brotresten ernähren, sind sie keine Vegetarier: Zur Aufzucht der Jungen benötigen sie Insekten. Wo im Zuge intensivierter Landwirtschaft und übertriebener Gartenpflege Sämereien und Insekten seltener verfügbar sind und durch strukturarme Neubauten oder Sanierungen die Nistgele-

15 Männlicher Haussperling *(Passer domesticus)* am Nistplatz in einer Gebäudenische.

16 In der Balz stellen sich Haussperlingsmännchen eindrucksvoll zur Schau.

17 Eine Spatzenpaarung in unmittelbarer Nähe zum Brutplatz.

18 Dieses Haussperlingsweibchen hat Schnakenlarven als Futter für den Nachwuchs aus dem Rasen gezogen.

19 Feldsperlinge *(Passer montanus)* sind mittlerweile in manchen Gärten zahlreicher vertreten als Haussperlinge.

genheiten abgenommen haben, hat sogar der uns so wohl vertraute Spatz in den vergangenen Jahrzehnten enorme Bestandseinbußen erlitten.

Nicht jeder »Spatz« im Vorgarten ist jedoch ein Haussperling: Trägt er einen schwarzen Wangenfleck und eine rotbraune Kappe, handelt es sich um den Feldsperling *(Passer montanus)*. Anders als beim Haussperling sehen Männchen und Weibchen des Feldsperlings gleich aus. In der Agrarlandschaft wird auch dieser durch die zunehmende Intensivierung der Landwirtschaft in vielen Regionen Mitteleuropas seit einigen Jahrzehnten immer seltener. Die negative Entwicklung auf dem Land treibt ihn in die Ortschaften: Immer häufiger taucht er im Garten auf. Er brütet gern in lockeren Kolonien in Nistkästen, besucht Futterstellen und flüchtet bei Gefahr sofort in dichtes Gebüsch.

Sommer in der Stadt: Mauersegler

20 Die Silhouette der Mauersegler *(Apus apus)* mit den langen, sichelförmigen Flügeln ist unverkennbar.

Kein anderer Vogel prägt die sommerliche Atmosphäre in Städten und größeren Ortschaften so sehr wie der Mauersegler *(Apus apus)*. Mit schrillen, lang gezogenen »srih-srih«-Rufen ziehen die eleganten Flieger in Gruppen ihre Bahnen am Himmel. Dabei vollführen sie besonders gegen Abend rasante Manöver um Dächer und Hausecken, sodass man deutlich das Rauschen ihrer schnittigen, sichelartigen Flügel hören kann. Ihre Nester legen sie in Nischen in hohen Gebäuden mit freiem Anflug an. Mauersegler verbringen fast ihr ganzes Leben in der Luft, wo sie Fluginsekten, das sogenannte Luftplankton, erbeuten. Jährlich treffen die Mauersegler pünktlich Anfang Mai ein, und schon im August sind sie wieder auf dem Weg in den Süden. In den drei Monaten, die sie bei uns in Mitteleuropa verbringen, muss ihnen also die Aufzucht ihrer Jungen gelingen. Ihre Überwinterungsgebiete liegen südlich der Sahara. Der Rückgang des Luftplanktons und der Verlust von Nistplätzen nach Gebäudesanierungen sind die Hauptgründe dafür, dass immer weniger Mauersegler durch unsere Straßenschluchten jagen.

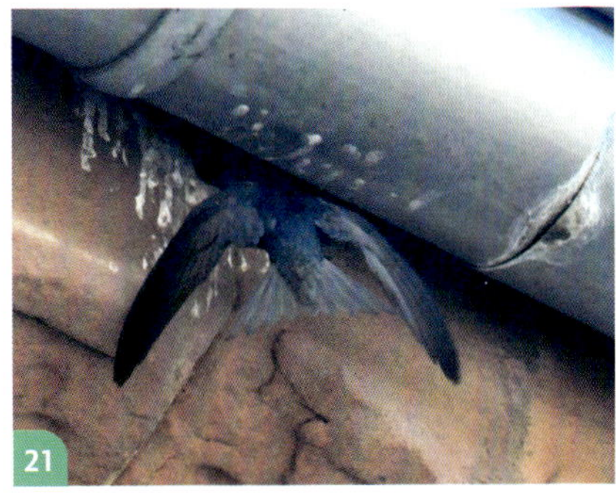

21 Aus voller Fluggeschwindigkeit stürzt sich der Mauersegler in seine Brutnische hinter der Regenrinne eines hohen Stadtgebäudes.

Pure Eleganz: Schwalben

Auch Schwalben sind Langstreckenzieher, die sich von Insekten ernähren. Allerdings bleiben sie im Herbst länger bei uns, da sie sich oft noch mindestens um eine zweite Brut kümmern und dann erst im September oder Oktober wegziehen. Die Mehlschwalbe *(Delichon urbica)* brütet außen an Gebäuden, am liebsten unter Dachvorsprüngen. Die Rauchschwalbe *(Hirundo rustica)* bevorzugt hingegen das Gebäudeinnere – traditionell Viehställe, Scheunen und Hausflure – und baut ihre Nester in der Regel auf Unterlagen, beispielsweise Holzbalken. Man findet ihre Nester aber auch in Tiefgaragen oder sogar unter Bootsstegen.

22 Eine Mehlschwalbe *(Delichon urbica)* am Nest. Wo die Bedingungen günstig sind, nisten Mehlschwalben in großen Kolonien dicht an dicht.

23 Unermüdlich müssen die Mehlschwalbeneltern Nahrung herbeischaffen. Lange Schlechtwetterperioden mindern den Bruterfolg.

SAFARI-TIPP

Bis zu 1000-mal fliegt eine Schwalbe zu einer schlammigen Pfütze oder einem Gewässerufer, um das Baumaterial für ein Nest in Form kleiner Lehmklümpchen aufzunehmen. Die Versiegelung und Trockenlegung solcher Plätze machen den Schwalben zusätzlich zum Mangel an Nistplätzen und zum Rückgang der Insekten zu schaffen. Mit der Anlage einer »Schlammpfütze« im Garten kann man die Not der Schwalben ein wenig lindern – und interessante Beobachtungen machen.

24 Porträt einer Rauchschwalbe *(Hirundo rustica)*.

25 Rauchschwalben bauen ihre Nester aus Schlamm und Pflanzenhalmen.

Die Mehlschwalbe gilt nach der Roten Liste der Brutvögel Deutschlands als gefährdet (Kategorie 3), die Rauchschwalbe steht aktuell auf der Vorwarnliste. Mit ihrem kupferroten Gesicht und den langen Schwanzspießen zählt die Rauchschwalbe zu den attraktivsten Arten der heimischen Vogelwelt. Auffällig ist auch ihr schneller, perlend-zwitschernder Gesang. Bei der Mehlschwalbe sind Kehle und Bürzel

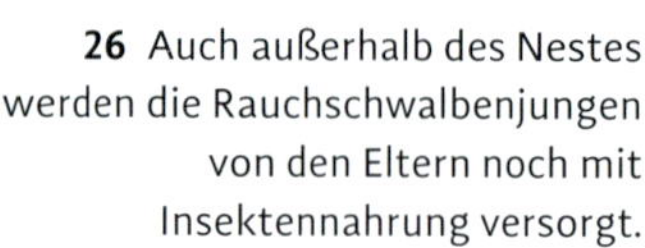

26 Auch außerhalb des Nestes werden die Rauchschwalbenjungen von den Eltern noch mit Insektennahrung versorgt.

wie die gesamte Unterseite weiß gefärbt und bilden einen deutlichen Kontrast zum ansonsten schwarzen Gefieder. Im Herbst versammeln sich Schwalben in großer Zahl auf Stromleitungen, bevor sie in den Süden aufbrechen.

27 Dicht gedrängt warten die jungen Rauchschwalben im Nest auf die nächste Fütterung.

Zittern und Knicksen: Rotschwänze

Zu den Charaktervögeln unserer Siedlungslandschaft gehört der Hausrotschwanz (*Phoenicurus ochruros*), der ursprünglich nur in alpinen Felslandschaften zu Hause war und erst im Laufe der vergangenen 250 Jahre menschliche Bauwerke als künstliche »Felsen« erkannt und erobert hat. Nach der Überwinterung im Mittelmeerraum legt der Halbhöhlenbrüter sein Nest in Mauernischen oder auf Balken unter Dachvorsprüngen an. Auffallend sind neben dem rostroten Schwanz das ständige Knicksen und häufige Schwanzzittern der Vögel. Während Weibchen und Jungvögel recht einheitlich graubraun gefärbt sind, ist das Männchen durch seine rußig schwarze Färbung mit einer Aufhellung an den Flügeln charakterisiert. Unverwechselbar ist auch der Gesang, der im Frühjahr schon lange vor Sonnenaufgang von Dachfirsten und Antennen aus vorgetragen wird. Er enthält eigentümlich quietschend-knirschende Klänge.

Von erhöhten Positionen aus werden Beutetiere aus der Luft oder am Boden gefangen. In den Sommermonaten sind die Eltern rund ums Haus intensiv mit dem Füttern der Nestlinge und danach der bereits ausgeflogenen Jungvögel beschäftigt. Wie alle Gebäudebrüter leidet auch der Hausrotschwanz unter dem Verlust von Brut-

28 Die tiefdunkle Färbung und der rostrote Schwanz kennzeichnen das Hausrotschwanzmännchen (*Phoenicurus ochruros*).

29 Nischenbewohner: Ein typischer Hausrotschwanznistplatz unter einem Vordach.

plätzen, denn im Zuge von Gebäudesanierungen verschwinden meist die begehrten Nischenplätze rund ums Haus.

Mit dem Hausrotschwanz nah verwandt ist der Gartenrotschwanz (*Phoenicurus phoenicurus*). Das Männchen zählt zu unseren prächtigsten Gartenvögeln, denn neben den Schwanzfedern sind auch Brust und Bauch orangerot gefärbt, und über dem schwarzen Gesicht leuchtet eine weiße Stirn. Seine Farbenpracht erinnert an die bunte Vogelwelt der Tropen, und tatsächlich verbringt er das Winterhalbjahr südlich der Sahara. Erst im April kehrt er aus der Sahelzone zurück. Die Weibchen ähneln weiblichen Hausrotschwänzen, sind unterseits aber deutlich heller. Als Höhlenbrüter hat der Gartenrotschwanz von Wäldern aus vor allem Gärten mit alten Baumbeständen erobert, aber in den 1980er- und 1990er-Jahren gab es gewaltige Bestandseinbußen. Offenbar lag dies vor allem an ausgeprägten Dürren in seinen Überwinterungsgebieten. Mittlerweile zeigen sich Gartenrotschwänze wieder häufiger in unseren Gärten.

30 Hausrotschwänze jagen Insekten. Dieses Weibchen hat einen Ohrwurm erbeutet.

31 Auf dem Gartenzaun wird das Hausrotschwanzjunge gefüttert.

32 Bunte Pracht auf dem Gartenzaun – ein Gartenrotschwanzmännchen *(Phoenicurus phoenicurus)*.

33 Beim Gartenrotschwanzweibchen ist die Brust nur ganz schwach rötlich überhaucht.

Meisen lieben Nistkästen

Zwei andere Höhlenbrüter sind aus unseren Gärten gar nicht wegzudenken, und sie zieht es im Winter nicht in tropische Gefilde. Im Gegenteil: Schon an sonnigen Wintertagen kündigt der Gesang der Meisen mit dem kräftigen »Zizidäh« der Kohlmeise *(Parus major)* und dem glockenhellen, trillernden »Zizitirrr« der Blaumeise *(Cyanistes caeruleus)* den Frühling an. An winterlichen Futterstellen ziehen die größeren Kohlmeisen meist den Kürzeren gegen die streitlustigen Blaumeisen. Natürliche Lebensräume beider Meisenarten sind Laub- und Mischwälder. Die zahlreichen Nistkästen im Siedlungsbereich können die Baumhöhlen als Nistplätze jedoch ersetzen. Dabei sind Kästen mit kleinerem Einflugloch den Blaumeisen vorbehalten, in denen sie ab April bis zu 16 Eier ausbrüten. Wenn die Jungen geschlüpft sind, werden sie unermüdlich mit Insekten gefüttert – hauptsächlich mit Raupen, die die Meiseneltern in Büschen und Baumkronen absammeln.

Die Bachstelze *(Motacilla alba)* zählt ebenfalls zu den typischen Kulturfolgern in der heimischen Vogelwelt. Sie wählt gern offenes Kulturland, großzügige, freie Gartenanlagen oder Neubausiedlungen als Lebensraum aus und nistet recht versteckt in Gebäudenischen, auf Flachdächern oder in Holzstapeln. Auf freien Flächen jagt sie geschickt Insekten, wobei ständiges Schwanzwippen ihr Markenzeichen ist. Besonders wohl fühlt sie sich in der Nähe von Gewässern. Als Kurz- und Mittelstreckenzieher wandert sie im Herbst Richtung Südwesten.

34 Akrobatisch suchen Kohlmeisen *(Parus major)* jeden Winkel rund ums Haus nach Spinnen und Insekten ab.

35 Blaumeisen *(Cyanistes caeruleus)* spüren auch bestens getarnte Raupen geschickt auf.

36 Diese Bachstelze *(Motacilla alba)* hat einen ganzen »Strauß« voller Mücken für ihren Nachwuchs erbeutet.

Ein Erdspecht auf Ameisensuche

37 Das Männchen des Grünspechts *(Picus viridis)* ist an dem roten Bartstreif zu erkennen.

38 Dieses Grünspechtweibchen hat ein Ameisennest gefunden und schlägt mit dem Schnabel ein Loch in den Boden.

Auch der Grünspecht *(Picus viridis)* schätzt offene Rasenflächen in Gärten, allerdings in alteingewachsener Umgebung: Betagte Baumbestände in parkartiger Landschaft sichern ihm geeignete Nistmöglichkeiten in Baumhöhlen, die er übernehmen oder selbst zimmern kann. Auf dem Rasen, an Wegrändern und Böschungen sucht er gezielt nach Ameisennestern der Gattungen *Lasius* (im Sommer) und *Formica* (im Winter).

SAFARI-TIPP

Hat der Grünspecht ein Wiesenameisennest im Boden gefunden, hackt er mit dem Schnabel tiefe, trichterförmige Löcher hinein und fährt seine lange, klebrige Zunge aus. Damit kann er tief in die Gänge der Bauten eindringen, um Ameisen und ihre Larven und Puppen aufzunehmen. Darin kann er derart vertieft sein, dass er eine vorsichtige Annäherung gar nicht bemerkt – so kann mit etwas Geduld die Beobachtung des prächtigen Vogels aus geringer Entfernung gelingen.

Im Winter räumt der Grünspecht sogar den Schnee beiseite, um an Ameisennester zu gelangen. Allerdings führen lange, harte Winter zu Bestandseinbrüchen. Im Frühjahr schallt sein »lachender« Ruf weit hörbar durch die Gartenlandschaft. Dies hat ihm den Spitznamen »Lachender Hans« eingebracht.

Einer unserer kleinsten Vögel ist einer der lautesten: Der Zaunkönig *(Troglodytes troglodytes)* schmettert

39 Die jungen Zaunkönige schauen aus dem Seiteneingang ihres Kugelnestes heraus.

40 Der kleine Zaunkönig *(Troglodytes troglodytes)* muss sich an kalten Tagen mächtig aufplustern.

seine langen Gesangsstrophen erstaunlich kraftvoll – auch mitten im Winter. Für ihn gilt dabei aber Gleiches wie für den Grünspecht: In sehr kalten Wintern erleidet er regelmäßig hohe Verluste. Zaunkönige lieben Gärten mit dichten Gebüschen, in deren Deckung sie flink und oft dicht über dem Boden von Ast zu Ast huschen. In dichten Hecken, Holzstapeln sowie allerlei anderen Hohlräumen und Verstecken legen sie ihre kugelförmigen Nester aus Moos, kleinen Zweigen und trockenen Blättern mit seitlichem Eingang an. Die Männchen sind wahre Baumeister und präsentieren ihren Weibchen gleich mehrere Wahlnester im Revier.

Kulturfolger mit Köpfchen: Rabenvögel

Fast alle heimischen Rabenvögel (Corvidae) haben sich im menschlichen Siedlungsraum eingelebt, denn hier finden sie im Gegensatz zum offenen Land reichlich Nahrung, Nistplätze und Schutz vor Verfolgung. Beinahe täglich bieten sich daher neue Gelegenheiten, das facettenreiche Verhalten von Elster, Dohle, Rabenkrähe & Co. rund ums Haus zu studieren.

Die Elster (*Pica pica*) ist seit einigen Jahrzehnten eine Charakterart der Gartenlandschaft. Strukturverluste und Gifteinsatz in der intensivierten Landwirtschaft haben sie in die Siedlungen getrieben – Gleiches gilt übrigens für Raben-, Nebel- und Saat-

41 Eine Elster *(Pica pica)* auf Nahrungssuche im Vorgarten.

krähen. Der »schackernde« Elsternruf ist wohl jedem vertraut. Elstern beobachten im Sommer, wenn sie eigene Junge zu versorgen haben, von erhöhten Punkten aus sehr genau die Umgebung und machen so die Neststandorte anderer Vögel ausfindig. Eier, Nestjunge und selbst ausgeflogene Jungvögel fallen ihnen nicht selten zum Opfer – dies führt dazu, dass die Elster ähnlich wie Rabenkrähe und Eichelhäher als »Vogelmörderin« in Verruf geraten ist. Doch ist inzwischen vielfach belegt, dass Elstern keine entscheidenden negativen Auswirkungen auf andere Singvogelpopulationen in Gärten haben. In der Stadt ist die Zahl der Vögel bei den betroffenen Arten im Verhältnis zur Zahl der Elstern sogar noch deutlich höher als in der Feldflur, insofern sind die

Verluste ganz normaler Teil der natürlichen Abläufe. Sie können meist durch Zweitbruten direkt wieder ausgeglichen werden. Elstern haben jedoch ihrerseits ständig Ärger mit Nesträubern: Ihre aus Zweigen errichteten, überdachten Nestkonstruktionen dienen dazu, Raben- und Nebelkrähen nach Möglichkeit den Zugang zu Gelege und Jungen zu verwehren.

Städte und Ortschaften sind nahezu flächendeckend im Besitz von Rabenkrähen (*Corvus corone corone*). Revier grenzt an Revier, jeweils dauerhaft von einem Krähenpaar verteidigt. Oft wird ein Paar noch unterstützt von einem männlichen Jungvogel aus der vorangegangenen Brut. Diese Triobildung erhöht den Bruterfolg. Zu den Hauptfeinden des Krähennachwuchses zählen erstaunlicherweise die eigenen Artgenossen. Junggesellen und revierlose Rabenkrähen schließen sich nämlich zu Nichtbrüterschwärmen zusammen, deren ständiges Bestreben es ist, den Bruterfolg der Revierbesitzer zu schmälern und sie zu vertreiben, um ihren Platz einzunehmen.

42 Mit seiner Überdachung wirkt das Elsternest wie ein großer Reisighaufen im Geäst.

SAFARI-WISSEN

Die Beobachtung von Krähen verschafft Einblicke in ihre vielseitige und einfallsreiche Ernährung: Sie ziehen Engerlinge aus dem Boden, springen Fluginsekten auf Wiesen hinterher, durchwühlen Abfälle, fressen Aas und erbeuten auch kleine Wirbeltiere. Walnüsse verstecken sie als Wintervorrat im Boden, lassen sie zum Öffnen aus mehreren Meter Höhe auf Straßen fallen oder legen sie dort sogar gezielt ab, um sie von Autos überfahren und auf diese Weise »knacken« zu lassen.

43 Das schwarze Gefieder der Rabenkrähe *(Corvus corone corone)* schimmert bei richtigem Lichteinfall bläulich violett.

44 Nebelkrähe *(Corvus corone cornix)* mit Nistmaterial im Anflug.

45 Mitte April bauen Nebelkrähen dieses Nest in einer hohen Eiche.

Östlich der Elbe lebt in Deutschland die Nebelkrähe *(Corvus corone cornix)*, die folglich auch in Berlin allgegenwärtig ist. Von Schleswig-Holstein bis nach Sachsen zieht sich eine Mischzone von Raben- und Nebelkrähe. Über deren Art- oder Unterartstatus wird viel diskutiert. Beide lassen sich in der »Superspezies« der Aaskrähe *(Corvus corone)* zusammenfassen und haben sich wohl während der Eiszeit in unterschiedlichen Rückzugsgebieten getrennt entwickelt. Von manchen Autoren werden sie allerdings auch als eigene Arten *(Corvus corone* und *C. cornix)* geführt, andere erkennen aufgrund offenbar fehlender genetischer Unterschiede gar keine systematische Trennung an und bezeichnen beide Formen nur als »Morphen«. Die Nester von Raben- und Nebelkrähen zu entdecken, ist trotz ihrer Häufigkeit gar nicht so einfach, denn sie liegen hoch oben in Astgabeln von Bäumen. Allerdings findet die Bauphase im Frühling vor dem Laubaustrieb statt, sodass sich der Nestbau in den Gartenrevieren gut beobachten lässt, wenn man sich aufmerksam umschaut. Die Krähen streifen in dieser Zeit suchend umher, brechen Zweige von Büschen ab oder sammeln Laub, Moos und Federn zur Auspolsterung der Nestmulde.

Anders als Raben- und Nebelkrähe brütet die Saatkrähe *(Corvus frugilegus)* in großen Kolonien auf hohen Bäumen. Doch schon im 19. Jahrhundert begann der Niedergang der ehemals riesigen Saatkrähenbestände in Deutschland. Aktuelle Vorkommen gibt es bezeichnenderweise fast nur noch in Städten, wo die Nester in Parks und großen Gärten angelegt werden. Getreidekörner spielen in der ansonsten ebenfalls recht vielseitigen Ernährung der Saatkrähen eine große Rolle, sodass sie sich auf abgeernteten Feldern in großer Zahl einfinden.

46 Die Saatkrähe *(Corvus frugilegus)* ist am federlosen Schnabelgrund gut von der Rabenkrähe zu unterscheiden. Jungvögel zeigen dieses Merkmal allerdings noch nicht.

SAFARI-TIPP

Im Winterhalbjahr kommen große Saatkrähenschwärme aus Sibirien und Osteuropa nach Deutschland. Es ist ein beeindruckendes Schauspiel, wenn sie allabendlich vor Einbruch der Dämmerung ihre Schlafbäume aufsuchen.

Die Dohle (*Corvus monedula*) ist kleiner als ihre Krähenverwandtschaft und leicht am grauen Nackengefieder und den hellen Augen zu erkennen. Die Partner bleiben – typisch für Rabenvögel – möglichst lebenslang zusammen. Dohlen brüten gern in Kolonien in Kirchtürmen oder anderen Bauwerken. Gelegentlich rufen sie den Schornsteinfeger auf den Plan, wenn ihre Nester einen Kamin verstopfen. Gute Nistbedingungen finden sie aber auch in den Höhlen alter Parkbäume, sodass man unter Platanen im Frühsommer manchmal die noch ziemlich unbeholfenen flüggen Jungvögel finden kann. Bekannt sind Dohlen für ihre akrobatischen Kunstflüge, und mit ihrem hellen, klangvollen »Kjack« setzen sie sich akustisch deutlich vom rauen Gekrächze der anderen Krähen ab. Ihre Nahrung besteht aus Insekten und deren Larven, nach denen sie auf Rasenflächen stochern, aber auch aus Früchten, Körnern, Keimlingen und Küchenabfällen. Futterstellen suchen sie in der Regel frühmorgens auf. Im Winter ziehen zahlreiche Dohlen gemeinsam mit Saatkrähen aus den nordöstlichen Brutgebieten nach Mitteleuropa.

47 Saatkrähen nisten in großen Kolonien.

48 Ein Dohlenpaar *(Corvus monedula)*.

49 Jungvogel mit stahlblauen Augen: Diese flügge Dohle hat kürzlich die schützende Baumhöhle verlassen.

Im Frühling erobern Käfer den Garten

1 Da die Engerlinge meist eine vierjährige Entwicklung durchlaufen, kommt es alle vier Jahre zu einem »Maikäferjahr« mit gehäuftem Auftreten der Käfer.

2 An einem warmen Abend im April hat sich dieses Feldmaikäferweibchen *(Melolontha melolontha)* aus dem Boden gegraben.

Nur versierte Spezialisten können die gesamte Käfervielfalt überschauen, die sich auf Blüten und Blättern, unter Steinen und Totholz im Garten zeigen kann. Es ist ein besonderes Naturerlebnis, wenn an warmen Frühlingsabenden große Käfer in schwerfälligem Flug ums Haus schwärmen. Durch metallischen Glanz oder leuchtende Farben, interessante Lebenszyklen oder auch lästigen Fraß an Zier- und Nutzpflanzen machen viele Arten auf sich aufmerksam.

Mai- und Junikäfer

Maikäfer waren in den letzten Jahrzehnten nach ausgiebigen Bekämpfungsaktionen mit Insektiziden in vielen Regionen selten. Heute kommen sie teilweise wieder häufiger vor, und besonders der Feldmaikäfer *(Melolontha melolontha)* ist ein regelmäßiger Gartenbewohner. Die weißen Larven (Engerlinge), die man beim Umgraben zutage fördern kann, fressen drei bis vier Jahre lang an den Wurzeln verschiedener Pflanzen. Die erwachsenen Käfer überwintern im Boden und warten im Frühling

darauf, dass es warm wird. Ab Ende April arbeiten sie sich in der Abenddämmerung heraus und fliegen brummend die nächstgelegenen Bäume an. Manchmal prallen sie geräuschvoll gegen Fensterscheiben.

Ähnlich braune Flügeldecken wie ein Maikäfer hat auch der sehr häufige, aber deutlich kleinere Gartenlaubkäfer (*Phyllopertha horticola*), der durch einen metallisch grünen Kopf und Thorax gekennzeichnet ist und etwas später im Jahr erscheint. Man bezeichnet ihn auch als »Junikäfer«. Allerdings tragen auch noch ein paar andere Arten diese volkstümliche Bezeichnung. Während die erwachsenen Gartenlaubkäfer an Blättern fressen, entwickeln sich die Larven unterirdisch an den Wurzeln von Kräutern und Gräsern. Sie bilden eine wesentliche Nahrungsquelle für Stare und andere Vögel.

3 Porträt eines Feldmaikäfermännchens, erkennbar an dem siebenteiligen Fühlerfächer (bei Weibchen sechsteilig).

4 Der Gartenlaubkäfer *(Phyllopertha horticola)* ist eine der häufigsten Arten aus der kleineren Verwandtschaft der Maikäfer.

Glanzpunkte auf Blüten: Rosenkäfer

5 Goldglänzende Rosenkäfer *(Cetonia aurata)* sammeln sich im Frühling auf blühenden Gartenbüschen …

6 … und finden dabei als Pärchen zueinander.

Wenn die Frühlingssonne im Garten weiße, duftende Blütenstände an Schneeball und ähnlichen Gehölzen erscheinen lässt, stellt sich schnell lebhafte Betriebsamkeit ein: Vor allem die rund zwei Zentimeter großen Goldglänzenden Rosenkäfer *(Cetonia aurata)* können dieser Pracht nicht widerstehen. Behäbig krabbeln sie über die Blüten. Sie ernähren sich von Pollen und Nektar.

SAFARI-WISSEN

Rosenkäfer auf Blüten wirken, als ließen sie sich durch nichts aus der Ruhe bringen. Fühlen sie sich jedoch ernsthaft gestört, fliegen sie erstaunlich geschickt um die nächsten Zweige herum und landen an einem ruhigeren Platz. Diese Wendigkeit erzielen sie durch einen Trick: Sie heben die harten Flügeldecken zum Flug nicht an, sondern schieben die zarten Hinterflügel einfach durch seitliche Aussparungen hervor.

Blüten dienen den Rosenkäfern auch als Rendezvousplätze: Immer wieder kann man sie bei der Paarung als »Doppeldecker« beobachten. Rosenkäfer lieben Sonne und Wärme. Ihre grünen Flügel können in verschiedenen Gold- und Purpurtönen schimmern. Rosenkäferlarven erinnern auf den ersten Blick an die Engerlinge der Maikäfer, fressen aber nicht an Wurzeln, sondern leben von totem Pflanzenmaterial. Man kann sie in Komposthaufen oder verrottendem Holz finden.

Blütenböcke, Widderböcke, Sägeböcke

Eine besonders attraktive Käferfamilie mit langen, gebogenen Fühlern und teilweise lebhaften Farben stellen die Bockkäfer (Cerambycidae) dar. Phänomene wie Wespen-Mimikry und die häufige Bindung an Totholz machen sie auch aus ökologischer Sicht besonders interessant. Eine der ersten häufigen Bockkäferarten des Jahres ist der Mattschwarze Blütenbock *(Grammoptera ruficornis)*. Er erscheint in großer Zahl an verschiedenen blühenden Kräutern, Sträuchern und Bäumen, darunter auch Obstbäumen. Allerdings handelt es sich um einen echten Winzling von nur 3 bis 7 Millimeter Länge, dessen Farbelemente (gelbbraun gemusterte Beine und Antennen, goldene Behaarung) erst bei genauerer Betrachtung erkennbar werden. Seine Blütenbesuche dienen nicht nur der Nahrungsaufnahme, sondern – wie bei vielen anderen Bockkäfern auch – der Partnerfindung. Offenbar werden Partner bei Bockkäfern oft erst durch Berührung mit den Antennen bemerkt. Bockkäfer bevorzugen allgemein Blüten von Vertretern der Rosengewächse (Rosaceae), Doldenblütler (Apiaceae) und Korbblütler (Asteraceae).

7 Paarung auf der Apfelblüte: Mattschwarze Blütenböcke *(Grammoptera ruficornis)*.

Im Mai schlüpft ein deutlich größerer und auffälligerer Bockkäfer nach einer Puppenruhe von 10 bis 12 Monaten: Der Gemeine Widderbock *(Clytus arietis)* wird bis zu 15 Millimeter lang und zeigt eine hübsche gelbe Zeichnung auf schwarzem Grund. Dieses charakteristische Wespenmuster dient offensichtlich der Abschreckung von Fressfeinden. In der Verwandtschaftsgruppe der Widderböcke wurde bei bestimmten Arten nachgewiesen, dass ohne Pollennahrung keine Eiablage möglich ist. Daher

8 Margeriten im Garten locken neben zahlreichen anderen Käfern auch den Widderbock *(Clytus arietis)* an.

9 Dieser männliche Sägebock *(Prionus coriarius)* ist aus dem Stubben einer Birke hervorgekommen, die mehrere Jahre zuvor im Garten gefällt wurde.

kann man sie ebenfalls regelmäßig beim Blütenbesuch beobachten. Der Gemeine Widderbock ist auch auf Totholz zu finden, wo die Eiablage erfolgt, denn seine Larven entwickeln sich – übrigens wie die Larven des Mattschwarzen Blütenbocks – zwischen Rinde und Holz in den abgestorbenen Ästen und dünnen Stämmen verschiedener Laubholzarten.

Neben diesen eher zierlichen, tagaktiven Bockkäfern lebt mit dem Sägebock *(Prionus coriarius)* auch eine sehr große, nachtaktive Art in vielen Gärten. Die schwarzbraunen Sägeböcke werden bis zu 45 Millimeter lang, schwärmen im Hochsommer nach Einbruch der Dämmerung ums Haus und fliegen zum Licht. Voraussetzung für ihr Vorkommen ist das Vorhandensein von Totholz, und zwar in diesem Fall von Wurzelstubben. Wurde ein Baum gefällt, leben die Larven drei Jahre lang in dem allmählich verrottenden Stumpf, bevor sie sich verpuppen und dann ab Ende Juni schlüpfen. Ihre Namen tragen Sägeböcke nach den vor allem bei den Männchen kräftig gesägten Fühlern.

Noch mehr Leben im Totholz: Balkenschröter und Prachtkäfer

Rund drei Zentimeter lang wird der Balkenschröter *(Dorcus parallelipipedus)*, der »kleine Bruder« des Hirschkäfers *(Lucanus cervus)* und die häufigste Art der Hischkäferfamilie (Lucanidae) in Deutschland. Balkenschröterlarven entwickeln sich in morschem Holz, und zwar in den Stümpfen, Stämmen und dicken Ästen verschiedener Laubbaumarten. Balkenschröter fliegen schon ab April in der Abenddämmerung, können aber während des gesamten Sommerhalbjahres gefunden werden.

SAFARI-WISSEN

Zwar können Balkenschröter dem Vergleich mit den »geweihtragenden« Hirschkäfern nicht standhalten, aber bei genauerer Betrachtung ist die Verwandtschaft deutlich erkennbar: Vor allem bei den Männchen sind die Oberkiefer sichtbar verlängert und verzweigen sich in der Mitte zu einem nach vorn und einem nach oben gerichteten Ende. Bei entsprechenden Totholzbeständen kann sich übrigens manchmal auch der »echte« Hirschkäfer im Garten einfinden.

10 Das Balkenschröterweibchen *(Dorcus parallelipipedus)* hat einen vergleichsweise schmalen Kopf und kaum vergrößerte Oberkiefer.

11 Porträt eines Balkenschrötermännchens mit »Minigeweih«.

Es lohnt sich sehr, neben diesen »Riesen« immer wieder auch die kleinen Käfer zu beachten. So machen die Prachtkäfer (Buprestidae) ihrem Namen nicht nur in den Tropen alle Ehre. Von gelben Blüten wie beispielsweise Hahnenfuß und Löwenzahn fühlen sie sich stark angezogen. Viele Arten sind schwer zu bestimmen, doch die Weibchen des Kleinen Kirschbaum- oder Zierlichen Prachtkäfers *(Anthaxia nitidula)* sind wegen ihres kupferroten Halsschildes unverwechselbar. Die Männchen sind ganz grün gefärbt. Die Larven entwickeln sich oft in dünnen oder absterbenden Ästen von Kirschbäumen.

12 Wahrhaft prächtige Winzlinge: Ein Pärchen des Zierlichen Prachtkäfers *(Anthaxia nitidula)* auf Löwenzahnblüten.

Hübsch, aber unbeliebt: Rebenstecher und Lilienhähnchen

Genauso klein wie der Zierliche Prachtkäfer, nämlich bis zu sieben Millimeter lang, und ähnlich schillernd gefärbt ist der Rebenstecher *(Byctiscus betulae)*, der als Vertreter der Blattroller oder Triebstecher zur Verwandtschaft der Rüsselkäfer zählt. Bemerkenswert ist nicht nur sein tiefblauer Glanz, sondern auch seine Lebensweise: An Weinreben, aber auch verschiedenen Laubbäumen werden Blattstiele so angenagt, dass die Blätter welk herabhängen. In Längsrichtung werden sie dann zigarrenförmig aufgerollt und verklebt. Im Innern der Rollen, die bald zu Boden fallen, entwickeln sich schließlich die Larven.

Die leuchtend roten Lilienhähnchen *(Lilioceris lilii)* können Zirplaute erzeugen. Diese Blattkäfer (Chrysomelidae) überwintern und sind im Frühjahr an Lilien zu finden. Ihre Larven fressen im Sommer an den Blättern und verbergen sich unter ihrem eigenen Kot. Wenn sie komplett entwickelt sind, verpuppen sie sich im Boden, und schon im Spätsommer erscheint die nächste Käfergeneration. Bei Massenvermehrungen bleibt von Liliengewächsen wie Kaiserkronen nicht mehr viel übrig, weshalb die hübschen Käfer im Garten eher unbeliebt sind.

13 Ein Rebenstecher *(Byctiscus betulae)* beginnt mit seiner Arbeit auf einem Weinblatt.

14 Hier hat der Rebenstecher sein Werk vollendet und das Weinblatt sorgfältig eingerollt.

15 Kahlfraß an Kaiserkrone: Lilienhähnchen *(Lilioceris lilii)*.

Mittsommerschauspiel: Leuchtkäfer

In den kürzesten Nächten des Jahres, im Juni und Juli, geben Glühwürmchen nicht nur an Waldrändern und über feuchten Wiesen, sondern auch in Parkanlagen und naturnahen Gärten ihre faszinierenden Vorstellungen. Es sind die Männchen des Kleinen Leuchtkäfers (*Lamprohiza splendidula*), die auf der Suche nach Weibchen »glühend« durch die Dunkelheit schweben. Sie erscheinen besonders zahlreich an warmen Sommerabenden nach Einbruch der Dunkelheit.

SAFARI-TIPP

Wenn sich ein Lichtpunkt in einem Busch oder zwischen Gräsern nicht mehr bewegt, lohnt es sich, mit der Taschenlampe genauer hinzuschauen, um den Urheber des Leuchtens ausfindig zu machen: einen kleinen, zarten Käfer mit dunklen Flügeldecken. Sein Halsschild ist auf dem Rücken auffällig weit über den Kopf gezogen. Sein Leuchtorgan trägt er auf der Unterseite der letzten Hinterleibssegmente. Er ist in ein Spinnennetz geraten und leuchtet hier nun, ohne sich weiter fortbewegen zu können. Der Flug der Leuchtkäfermännchen, der so tragisch enden kann, zählt zu den schönsten Schauspielen in der heimischen Natur.

An geeigneten Plätzen sieht man oft Hunderte von Lichtpunkten umherfliegen. Geschickt können die Käfer ihr Licht im Flug an- und ausschalten.

16 Ein Männchen des Kleinen Leuchtkäfers *(Lamprohiza splendidula)* auf dem Rücken im Spinnennetz. Auf den hinteren Segmenten der Bauchseite ist das helle Leuchtorgan sichtbar.

17 Das flugunfähige Weibchen des Kleinen Leuchtkäfers lockt am Boden mit seinem grünlich gelben Licht. Erst im Blitzlicht der Kamera (rechts) wird die eigentümliche Gestalt des Käferweibchens sichtbar.

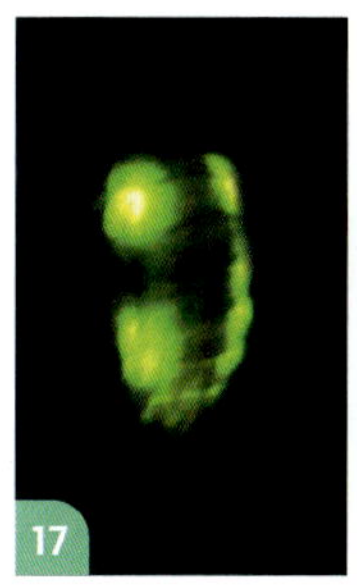

18 Dieses Pärchen des Kleinen Leuchtkäfers hat dank der Lichtsignale zueinandergefunden.

19 Das Licht der ebenfalls flugunfähigen Weibchen des Großen Leuchtkäfers *(Lampyris noctiluca)* ist auffallend hell (rechts).

20 Zwei Larven des Großen Leuchtkäfers fressen eine überwältigte Weinbergschnecke.

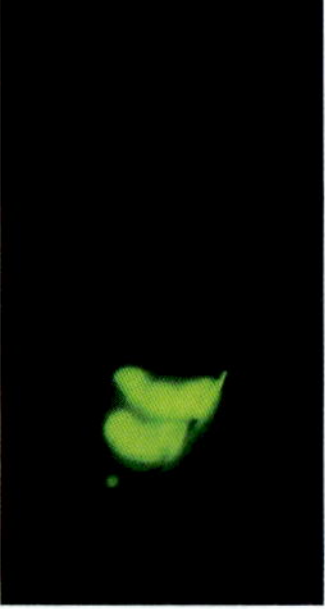

Die Weibchen sehen ganz anders aus: Sie können nicht fliegen, sind wurm- oder larvenförmig, sitzen im Gras und drehen die leuchtende Unterseite ihres Hinterleibs lockend nach oben. Dabei entsteht ein Leuchtmuster aus mehreren Lichtpunkten. Genau danach suchen die Männchen. Wenn ein Weibchen sein Leuchten beendet, ist in der Regel ein Männchen bei ihm gelandet.

Der Mechanismus des Leuchtens ist komplex: Der Leuchtstoff heißt Luciferin. Er wird mithilfe des Enzyms Luciferase zum Leuchten angeregt. An diesem Vorgang ist ganz entscheidend auch Sauerstoff beteiligt: Zunächst wird das Luciferin durch Zuführung von Sauerstoff oxidiert. Dann wird der Sauerstoff wieder abgegeben und Energie wird freigesetzt. Es ist sehr bemerkenswert, dass nahezu 100 Prozent der Energie in Form von Licht abgegeben werden und dabei nur sehr wenig Wärme entsteht. Leuchtkäfer erzeugen also kaltes Licht.

Auch beim Großen Leuchtkäfer *(Lampyris noctiluca)* senden die Weibchen als lockende »Leuchttürme« ihr Licht aus. Die Männchen fliegen allerdings ohne Beleuchtung durch die Nacht. Interessanterweise können bei unseren Leuchtkäfern auch die Larven leuchten. Dies kann eine abschreckende Funktion gegenüber Fressfeinden haben und auf ungenießbare Inhaltsstoffe der Tiere hinweisen. Leuchtkäferlarven sind geschickte Räuber: Sie überwältigen Nackt- und Gehäuseschnecken mit Giftbissen und fressen sie dann auf. Vor allem im Frühjahr und Frühsommer kann man sie auch tagsüber beobachten.

Räuber im Gartenteich

Auch im Gartenteich leben viele verschiedene Käferarten. Die sehr häufigen Gelbrandkäfer *(Dytiscus marginalis)* zählen mit rund drei Zentimeter Körperlänge zu den Riesen der heimischen Insektenwelt. Als gefräßige Räuber sind nicht nur die erwachsenen Käfer, sondern vor allem auch die Larven mit ihren dolchartigen Mundwerkzeugen geradezu berüchtigt. Sie lauern anderen Insekten, Kaulquappen und kleinen Fischen auf. Die Verpuppung erfolgt an Land im Boden. Die Käfer sind mit ihren ruderartigen Hinterbeinen schnelle und geschickte Schwimmer. Unter den Deckflügeln tragen sie einen Luftvorrat; zum Luftschöpfen hängen sie sich mit der Hinterleibsspitze an die Wasseroberfläche. Nachts wechseln sie fliegend von einem Gewässer zum anderen und landen dabei nicht selten irrtümlich auf Glasdächern oder Parkplätzen.

Zur kleineren Verwandtschaft zählt der ebenfalls häufige und immerhin noch etwa 18 Millimeter lange Furchenschwimmer *(Acilius sulcatus)*. Kennzeichnend sind eine doppelte schwarze V-Zeichnung auf dem Kopf und zwei schwarze Querbinden auf dem Halsschild. Seine Larven können ruhig schweben oder paddeln, aber auch ruckartig nach vorne schießen und sogar Purzelbäume schlagen.

21 Der Gelbrandkäfer *(Dytiscus marginalis)* lauert unter der Wasseroberfläche auf Beute.

22 Zu den vielen räuberischen Wasserkäfern zählt auch der Furchenschwimmer *(Acilius sulcatus)*; unten seine Larve.

Die Wunderwelt der Schmetterlinge

Wenn im Februar oder März der erste Zitronenfalter *(Gonepteryx rhamni)* durch den Garten fliegt, ist der lang ersehnte Frühling nicht mehr fern. Bunte Falter und gefräßige Raupen begleiten uns fortan durch das Gartenjahr. Wie viele Arten man beobachten kann, hängt entscheidend von der Strukturvielfalt, dem Blütenangebot und der Existenz von Nahrungspflanzen für Raupen ab.

Zitronenfalter: der Erste im Jahr

1 Dieser männliche Zitronenfalter *(Gonepteryx rhamni)* nimmt bereits Ende Februar ein erstes Sonnenbad.

Zitronenfalter verbringen die kalten Monate in Winterstarre an Zweigen oder Halmen, durch körpereigenes Glycerin gut vor Frostschäden geschützt. Nach erfolgreicher Überwinterung beginnt im März die Paarungszeit. Auf der Suche nach Weibchen und den ersten Blüten kommen die gelben Männchen weit herum – man kann sie praktisch überall sehen, auch mitten in der Stadt. Für ein Sonnenbad breiten sie ihre Flügel nicht wie viele andere Tagfalter aus, sondern lassen sie seitlich von der Sonne bescheinen. Die geschwungenen Flügel laufen spitz zu, was ihnen die Form eines Blattes gibt. So sind die Falter gut getarnt, wenn sie einen Ruheplatz aufsuchen.

Die grünlich weißen Weibchen, die im Flug leicht mit Kohlweißlingen zu verwechseln sind, legen ihre Eier bevorzugt an Waldrändern an sich gerade entfaltenden Blättern von Faulbaum und Kreuzdorn ab. Die letzten überwinterten Zitronenfalter fliegen bis in den Juni hinein. Ab Ende Juni schlüpft allerdings schon die nächste Generation.

SAFARI-TIPP

Frisch geschlüpfte Zitronenfalter stärken sich im Hochsommer vor allem an violett blühenden Pflanzen, beispielsweise Disteln, Kletten oder Sommerflieder, aber auch an Brombeerblüten. Im Herbst werden die Überwinterungsplätze aufgesucht, von denen sich die Tiere in Einzelfällen durch milde Winterwetterlagen hervorlocken lassen. So kann man theoretisch an jedem Tag des Jahres Zitronenfalter entdecken.

2 Zitronenfalterweibchen erscheinen viel seltener in Gärten als die Männchen. Dieses Weibchen legt Anfang Mai an einem Waldweg Eier an einem Faulbaum ab.

Kohlweißlinge und ihre Gegenspieler

Zitronenfalter zählen zur Tagfalterfamilie der Weißlinge (Pieridae). Deren bekanntester und einst gefürchteter Vertreter ist der Große Kohlweißling (*Pieris brassicae*). Er ist in vielen Gemüsegärten heimisch, überwintert im Puppenstadium, fliegt im Frühjahr ab April und in einer oder zwei weiteren Generationen im Sommer bis zum Herbst. Auf der Blattunterseite verschiedener Kreuzblütengewächse, vor allem an Kohl (*Brassica oleracea*), sowie an Kapuzinerkresse (*Tropaeolum majus*) legen die

3 Ein Weibchen des Großen Kohlweißlings (*Pieris brassicae*) sonnt sich im Garten. Den Männchen fehlen die kräftigen schwarzen Flecken auf der Flügeloberseite.

4 Hier hat ein Großer Kohlweißling seine Eier an einer wilden Rapspflanze direkt am Rand einer Gartenterrasse abgelegt.

5 Raupen des Großen Kohlweißlings, zum Teil frisch gehäutet, auf Kapuzinerkresse.

6 Gürtelpuppe des Großen Kohlweißlings.

Weibchen leuchtend gelbe, spindelförmige, längsgerippte Eier in großen Spiegeln ab. Die behaarten Raupen fressen gesellig. Sie sind recht bunt gefärbt, nämlich blaugrau mit gelben Längslinien und schwarzen Punkten. Vor der Verpuppung begeben sich die Raupen einzeln auf Wanderschaft und suchen einen geeigneten Platz, zum Beispiel an einer Hauswand.

Die Puppen haften letztendlich mit dem Hinterende frei auf einem Gespinstpolster und werden von einem Faden in »Brusthöhe« in ihrer senkrechten Position gehalten – daher bezeichnet man sie als Gürtelpuppen. Die gelben Eier, die bunten Raupen und die weißen Falter wirken in ihrer auffälligen Tracht wohl abschreckend auf die meisten Fressfeinde, denn sie sind ungenießbar. Ihre Nahrungspflanzen enthalten Senfölglykoside, die eigentlich Teil eines chemischen Abwehrsystems der Pflanzen gegen gefräßige Insekten sind. Kohlweißlinge haben sich jedoch in einer langen Koevolution daran angepasst, sodass ihnen diese Stoffe nicht schaden. Im Gegenteil: Sie reichern sie im Körper an und sind damit vor dem Zugriff hungriger Vögel geschützt.

Gegen manche anderen Feinde hilft diese Strategie allerdings nicht. Entdeckt beispielsweise eine Haus-Feldwespe (*Polistes dominula*) eine Gruppe von Kohlweißlingsraupen, trägt sie eine nach der anderen zu ihrem Nest und füttert damit ihre Larven. Doch es gibt noch einen deutlich spezialisierteren Feind, der im Volksmund sogar als »Kohlweißlingstöter« bezeichnet wird: die Brackwespe *Cotesia glomerata*. Sie legt Eier in die Raupen hinein, aus denen Larven schlüpfen. Bis die Raupe ausgewachsen ist, leben sie unbemerkt im Raupenkörper und ernähren sich von deren Körperflüssigkeit, der

Hämolymphe, und dem Fettgewebe. Dann schließlich hat die sterbende Raupe als Nahrungsquelle ausgedient. Die Brackwespenlarven verlassen sie und verpuppen sich unmittelbar daneben in gelblichen Kokons. Nach nur einer Woche schlüpfen die kleinen Brackwespen.

7 Die Haus-Feldwespe *(Polistes dominula)* wird diese Jungraupen des Großen Kohlweißlings alle an ihren Nachwuchs verfüttern.

8 Die ausgewachsenen Larven der Kohlweißlings-Brackwespe *(Cotesia glomerata)* verlassen den Körper einer parasitierten Raupe des Großen Kohlweißlings.

In jüngerer Zeit wurden deutliche Bestandsrückgänge beim Großen Kohlweißling verzeichnet, da immer weniger Kohl extensiv angebaut wird. Das führt dazu, dass sich Schmetterlingsfreunde mancherorts darüber freuen, ihn zu Gesicht zu bekommen – aus einem verhassten Schädling wurde eine recht seltene Art. Durch unsere Gärten fliegen aber noch zwei weitere, etwas kleinere Weißlingsarten, die ihre Eier eher einzeln und recht flexibel an verschiedene Kreuzblütengewächse legen, sehr häufig sind und hervorragend getarnte grüne Raupen besitzen: der Kleine Kohlweißling *(Pieris rapae)* und der Grünaderweißling *(Pieris napi)*. Im Flug sind sie schwer zu unterscheiden, aber die

9 Gelbe Puppenkokons der Brackwespen neben der sterbenden Kohlweißlingsraupe.

10 Zwei Kohlweißlings-Brackwespen sind soeben geschlüpft

11 Paarung zweier Kleiner Kohlweißlinge *(Pieris rapae)*.

12 Setzt auf Tarnung: die grüne Raupe des Kleinen Kohlweißlings.

13 Im Mai saugt dieser Grünaderweißling *(Pieris napi)* an Fliederblüten im Garten.

Flügeladern des Grünaderweißlings sind unterseits dunkel bestäubt, auch auf der Flügeloberseite treten sie meist dunkel hervor.

Karstweißling: Sturm und Drang aus dem Süden

Damit wäre nun eigentlich alles Wesentliche über unsere Gartenweißlinge gesagt, gäbe es nicht seit wenigen Jahren eine spektakuläre Entwicklung: Der Karstweißling *(Pieris mannii)* breitet sich in Mitteleuropa massiv aus. Er ist ursprünglich im weiteren Mittelmeerraum in trockenen, felsigen Landschaften verbreitet. In der Schweiz und im Freiburger Raum zeigte er sich im Jahr 2008 erstmals nördlich der Alpen. Er profitiert in Gärten von den häufig gepflanzten, weiß blühenden Schleifenblumen, die seine Raupen bei uns als Nahrungspflanze nutzen. Man muss genau hinschauen, um den Karstweißling zu identifizieren: Große, eckige schwarze Flecken in der Flügelmitte, die beim sehr ähnlichen Kleinen Kohlweißling *(Pieris rapae)* rund sind, kennzeichnen die Weibchen. Außerdem reicht beim

14 Dieses Weibchen des Karstweißlings *(Pieris mannii)* in einem saarländischen Garten zeigt sehr schön seine typischen Merkmale – vor allem den sehr kantig ausgeprägten schwarzen Fleck in der Vorderflügelmitte.

15 Das ist die Lieblingsnahrung der Karstweißlingsraupen: Immergrüne Schleifenblume *(Iberis sempervirens)*.

16 Junge Karstweißlingsraupen haben schwarze Köpfe, ein eindeutiges Merkmal.

17 Zwei Karstweißlingseier an einem Schleifenblumenblatt.

18 Diese fast ausgewachsene Karstweißlingsraupe ist der Raupe des Kleinen Kohlweißlings extrem ähnlich.

Karstweißling der schwarze Fleck der Flügelspitze am Rand weiter herab. Das sicherste Merkmal liefern die jungen Raupen, deren Kopf in den ersten beiden Entwicklungsstadien schwarz ist. Beim Kleinen Kohlweißling ist er stets grün.

Die Expansion des Karstweißlings schreitet rasch voran: Vom äußersten Südwesten Deutschlands hat er sich inzwischen über alle deutschen Bundesländer ausgebreitet. Gärten mit Immergrünen Schleifenblumen *(Iberis sempervirens)* im Umfeld von Häusern ähneln aus Sicht des Karstweißlings offenbar sehr seinen natürlichen Lebensräumen – felsigen Landschaften südlich der Alpen. Die Flugzeit des flatterhaften Neubürgers reicht bei günstigen Witterungsbedingungen von März bis November. In dieser Zeit kann er bis zu fünf Generationen hintereinander hervorbringen, sodass er in Etappen rasch in neue Regionen vordringen kann.

Überraschung im Kräuterbeet: Schwalbenschwanzraupen

Wenn im April die ersten richtig warmen Frühlingstage auftreten, schlüpft der Schwalbenschwanz *(Papilio machaon)* aus der Puppe. Die Weibchen legen ihre Eier nicht nur an Wilder Möhre ab, sondern beispielsweise auch sehr gern an Garten-Möhre, Petersilie, Fenchel und Dill in Gemüse- und Kräutergärten. Die großen, bunten Raupen sind für Vögel ungenießbar, sodass ihre auffällige Farbe als Warntracht gelten kann. In den ersten beiden Entwicklungsstadien setzen die Raupen allerdings noch auf eine andere Art der Abschreckung, und zwar

19 Hier hat ein Schwalbenschwanz Petersilie im Kräutertopf mit einem Ei belegt.

20 Der Schwalbenschwanz *(Papilio machaon)* zählt zu den attraktivsten Gartengästen.

21 Die junge Schwalbenschwanzraupe tarnt sich als Vogelkot.

22 Kurz vor dem Schlüpfen schimmern die Flügel des Schwalbenschwanzes schon durch die Puppenhaut.

Vogelkotmimese: Ihr schwarzer Körper wird mittig von einem breiten weißen Querstreifen geziert. Dadurch entsteht ziemlich exakt der Eindruck einer unappetitlichen Hinterlassenschaft eines Vogels. Eine Schwalbenschwanzraupe wirkt im Laufe ihres Lebens also auf verschiedene Weise abschreckend. Ist sie ausgewachsen, verpuppt sie sich ähnlich wie die Weißlinge mithilfe eines Gürtelfadens. Im Sommer schlüpft mindestens eine weitere Generation; die Nachkommen der Spätsommerfalter überwintern dann als Puppen.

Schwalbenschwänze suchen im Garten nach Nektarquellen und Eiablageplätzen – ihre »Datingplätze« liegen aber meist außerhalb von Gärten, nämlich auf Hügelkuppen, Berggipfeln oder

23 **23** Eine ausgewachsene Schwalbenschwanzraupe ist ein echter Blickfang im Kräuterbeet.

Binnendünen, die von den Schwalbenschwänzen der gesamten Umgebung angesteuert werden. Hier jagen die prächtigen Falter einander in wilden Revier- und Balzflügen nach. Diese Art der Balz bezeichnet man als »Hilltopping«.

24 Ein typisches Raupennest des Kleinen Fuchses an Brennnesseln.

Von Brennnesseln zum Sommerflieder: Kleiner Fuchs und Tagpfauenauge

Zwei bunte und häufige Schmetterlinge gelten für die meisten Menschen als die Gartenschmetterlinge schlechthin: Tagpfauenauge *(Aglais io)* und Kleiner Fuchs *(Aglais urticae)*.

Nach der Überwinterung nutzen sie schon die ersten wärmenden Sonnenstrahlen des Frühlings, um sich mit weit geöffneten Flügeln auf dem Boden zu sonnen. Wichtig sind jetzt auch erste Blütenpflanzen, die ihnen als Nektarquellen dienen, etwa Weiden oder Krokusse.

SAFARI-TIPP

Tagpfauenauge und Kleiner Fuchs überwintern als erwachsene Falter in möglichst frostfreien, aber kühlen Verstecken und können daher im Winter in Gartenschuppen oder auf Dachböden gefunden werden. In solchen Fällen darf man sie aber keinesfalls ins warme Haus tragen, denn dort würden sie unweigerlich aktiv werden, ihre Energiereserven verbrauchen und kurz darauf sterben.

25 Der Kleine Fuchs *(Aglais urticae)*.

26 Bemerkenswert ist der goldene Glanz der Stürzpuppe des Kleinen Fuchses.

Der Kleine Fuchs zeigt seit Jahrzehnten stark schwankende Häufigkeiten. Komplizierte Generationsfolgen, unterschiedliche Überwinterungserfolge sowie Zu- und Abwanderungen tragen dazu bei. Allerdings trifft auch die früheren »Allerweltsarten« unter den Insekten der negative Einfluss des menschlichen Wirkens sehr: Lebensraumvernichtung durch die Beseitigung von Strukturen, beispielsweise Feldrainen und Brachen, der Einsatz von

27 Für viele Menschen das vertrauteste Schmetterlingsmotiv im Garten: Tagpfauenaugen *(Aglais io)* trinken am Sommerflieder Nektar.

Insektiziden und anderen Pflanzenschutzmitteln, die viel zu häufige Mahd von Wiesen, die zunehmende Blütenarmut der Landschaft – wesentlich befördert durch zu hohe Stickstoffeinträge – und in manchen Fällen auch der Klimawandel mit veränderten Temperatur- und Niederschlagsmustern.

Im Garten kann man mit etwas Glück im zeitigen Frühjahr die Balz des Kleinen Fuchses beobachten, bei der das Männchen hinter dem Weibchen herläuft und mit den Fühlern dessen Hinterflügel berührt. Die Eiablage erfolgt an gut besonnten Brennnesseln *(Urtica dioica)*, wo die stachelig behaarten Raupen gesellig in lockeren Gespinsten fressen. Man erkennt sie an ihren gelben Längslinien. Die Raupen des Tagpfauenauges nutzen ebenfalls gemeinschaftlich die Große Brennnessel als bevorzugte Nahrungspflanze. Zumindest wenn die Raupen etwas größer sind, kann man sie leicht bestimmen: Der schwarze Körper ist hübsch mit zahlreichen weißen Punkten gesprenkelt. Im Gegensatz zu den Gürtelpuppen der Weißlinge und Schwalbenschwänze verankern sich die Puppen kopfüber in einem Gespinstpolster, daher werden sie als »Stürzpuppen« bezeichnet. Die geschlüpften Falter fliegen weit

28 Raupen des Tagpfauenauges an Brennnesseln. Sie lassen sich anhand der weißen Punkte bestimmen.

umher und kommen als Blütenbesucher gern wieder in Gärten. In Jahren mit langen, warmen Sommern bilden unsere »Brennnesselfalter« zwei Generationen aus. Von duftendem Sommerflieder fühlen sie sich im Hochsommer besonders angezogen.

29 Meist schlüpfen Tagpfauenaugen nach einer kurzen Puppenruhe von knapp zwei Wochen ganz früh morgens aus der Puppe. Es dauert etwa eine Stunde, bis die Flügel entfaltet und ausgehärtet sind.

SAFARI-TIPP

Wer Sommerflieder in den Garten pflanzt, kann bequem beim Kaffeetrinken von der Terrasse aus unzählige Schmetterlinge auf dessen dichten Blütenständen beobachten. Der Sommerflieder oder Schmetterlingsstrauch *(Buddleja davidii)* ist ein Gehölz aus China, das sich in wintermilden Regionen wohlfühlt.

Bunte Falter in der Gartenwiese

30 Das Männchen des Faulbaum- oder Garten-Bläulings *(Celastrina argiolus)* ist oberseits dunkelblau gefärbt.

31 Dieses Weibchen des Faulbaum-Bläulings krümmt seinen Hinterleib zur Eiablage unter Efeuknospen.

32 Der Kleine Feuerfalter *(Lycaena phlaeas)* – hier mehrere Falter bei der Balz – wird schnell in Gärten heimisch, in denen sich ein Rasen zur Blütenwiese entwickeln darf.

Der Faulbaum-Bläuling *(Celastrina argiolus)* bewohnt ein breites Spektrum an Lebensräumen: An Waldwegen, in Heide- oder Feuchtgebieten fliegt er ebenso wie in Gärten. Seine Raupe kann an sehr unterschiedlichen Pflanzen leben, beispielsweise an Blutweiderich, Besenheide oder Efeu. Von anderen Bläulingen ist der kleine Falter durch die auffällig helle Unterseite mit sehr kleinen schwarzen Punkten zu unterscheiden. Auch er erscheint ab April und bildet mindestens zwei Generationen im Jahr aus. An Hauswänden, die mit Efeu *(Hedera helix)* berankt sind, zeigen die Weibchen im Sommer das typische Eiablageverhalten unter den Knospen der sich entwickelnden Blütendolden.

Wer ein wenig Wildwuchs im Garten zulässt, für ein reiches Blütenangebot sorgt, vielfältige Strukturen etwa durch Trockenmauern schafft und den Rasen nicht zu häufig komplett mäht, kann vielen Schmetterlingen Lebensraum bieten. Der Kleine Feuerfalter *(Lycaena phlaeas)* etwa besiedelt gern Rasenflächen, die sich zu kleinen Wiesen entwickeln dürfen. Speziell im Südwesten Deutschlands kann man sogar eine Tagfalterart beobachten, die in anderen Teilen Deutschlands gar nicht oder nur selten vorkommt: das Rotbraune Ochsenauge *(Pyronia tithonus)*. Seine Raupen entwickeln sich an Gräsern. Von blühenden Kräutern wie Oregano werden die Falter dieser Hochsommerart magisch angezogen.

33 Das Rotbraune Ochsenauge *(Pyronia tithonus)* ist im Südwesten Deutschlands ein häufiger Gartenschmetterling, in den meisten anderen Regionen Deutschlands aber eine große Rarität.

Die Zugvögel unter den Schmetterlingen

Blütenreiche Gärten werden immer wieder auch von Wanderfaltern angesteuert, die in jährlich wechselnder Zahl aus dem Mittelmeerraum oder sogar aus Afrika bei uns einfliegen. Sie produzieren hier eine oder mehrere Generationen von Nachkommen, die im Spätsommer oder Herbst dann wieder gen Süden zurückziehen oder mit unterschiedlichem Erfolg bei uns zu überwintern versuchen. Die bekanntesten Tagfalter unter den Wanderfaltern sind Admiral *(Vanessa atalanta)* und Distelfalter *(Vanessa cardui)*, die wie Tagpfauenauge

34 Ein Distelfalter *(Vanessa cardui)* auf dem Durchzug wärmt sich auf dem warmen Boden auf.

und Kleiner Fuchs zur Familie der Edelfalter (Nymphalidae) zählen. Ob und in welcher Zahl sie bei uns einfliegen, hängt insbesondere von den Niederschlagsverhältnissen und der Vegetationsentwicklung in ihren Herkunftsgebieten ab. Fällt in den Trockengebieten des Südens viel Regen, sodass die Nahrungspflanzen der Raupen sich gut entwickeln können, begünstigt dies Massenentwicklungen, die sich nachfolgend auch bei uns bemerkbar machen können, wenn die Schmetterlinge im Mai und Juni millionenfach nach Mitteleuropa kommen.

35 Dieser Distelfalter legt Eier an den Gewöhnlichen Natternkopf in einem brandenburgischen Garten.

36 Eine Distelfalterraupe an einer Acker-Kratzdistel.

Besonders ausgeprägt sind die spektakulären Wanderungen des Distelfalters, die bei uns immer mal wieder im Abstand einiger Jahre oder Jahrzehnte zu erleben sind. Der Distelfalter ist eine kosmopolitische Art, deren Wanderbewegungen in unseren Regionen im Laufe eines Jahres aus dem tropischen Afrika bis nach Nordeuropa und zurück erfolgen, sich dabei über bis zu sechs Generationen erstrecken und bis zu 15.000 Kilometer betragen können. Im Jahr 2009 erfolgte ein Masseneinflug nach Europa, der seinen Anfang im März in Marokko nahm, von wo aus zunächst die Iberische Halbinsel in mehreren Wellen erreicht wurde. Nach der Eiablage und Raupenentwicklung im westlichen Mittelmeerraum schlüpfte die folgende Generation von Mai bis Anfang Juni. In diesen Monaten wurden nachfolgend auch Mittel- und Nordeuropa besiedelt, teils von stark abgeflogenen Faltern aus Nordafrika, teils von Faltern, die am Mittelmeer geschlüpft waren. Die Nachkommen dieser Einwanderer schlüpften hier ab Mitte Juli. Diese Sommergeneration wanderte rasch nach Süden bis in die westafrikanischen Regionen südlich der Sahara. Zuvor schlüpften teilweise noch Nachfolgegenerationen in Mittel- und Südeuropa. Der Rückflug von

Europa gen Süden wird von Beobachtern generell kaum registriert, weil er überwiegend in einer Höhe von mehreren Hundert Metern stattfindet.

Nach zehn Jahren erlebte Europa im Jahr 2019 erneut einen Masseneinflug. Anfang Juni überfluteten die Wanderfalter Mitteleuropa geradezu. Aber die Zugrichtung war eine andere: Sie kamen von Südosten und flogen in Richtung Westen weiter. Auf der arabischen Halbinsel hatte ein regenreicher Winter die Wüste in Saudi-Arabien und Kuwait erblühen lassen. Der wolkenartige Zug Richtung Mitteleuropa erregte im März große öffentliche Aufmerksamkeit in Israel, im Libanon und auf Zypern. In Deutschland konnte man Anfang Juni tagelang beobachten, wie die Schmetterlinge in rascher Folge und in ungezähmtem Flug durch Gärten und über das offene Land hinwegzogen. Viele Falter waren verblasst und wiesen stark beschädigte Flügel auf – deutliche Hinweise auf die lange Strecke, die sie bereits zurückgelegt hatten. Natternkopf und Disteln dienten als besonders begehrte Nektarquellen und Eiablageplätze. Ab Mitte Juli flogen vielerorts die frischen, farbenprächtigen Falter der neuen Generation und erschienen als Gartengäste unter anderem an Sommerflieder.

Während Distelfalter in Südeuropa nicht überwintern können, ist dies für den Admiral kein Problem. So sind seine Wege nicht ganz so weit, und er ist zahlreich bei uns zu beobachten. Im Garten ist er Stammgast. Die zunehmend milden Winter ermöglichen ihm mittlerweile sogar häufiger die Überwinterung in Mitteleuropa, und zwar offenbar in nahezu jedem Entwicklungsstadium. Seine Raupen findet man an Brennnesseln, aber im Gegensatz zu Tagpfauenauge und Kleinem Fuchs stets einzeln. Jede Raupe baut sich ein kleines »Zelt« aus einem Blatt,

37 Efeublüten sind eine wichtige Nektarquelle für den Admiral *(Vanessa atalanta)* im Oktober.

38 Naschhaft: Der Admiral saugt oft sehr ausgiebig an Fallobst wie dieser Zwetschge.

39 Eine sehr hell gefärbte Admiralraupe auf einem Brennnesselblatt.

dessen Stiel sie anbeißt, sodass es herabhängt. Dann spinnt sie die Ränder zusammen. Admiralraupen sind variabel hellgrau bis schwarz gefärbt und seitlich mit je einer gelben wellenförmigen Linie verziert.

SAFARI-TIPP

Bis in den Spätherbst hinein lässt sich der Admiral im Garten blicken: Er wird von Äpfeln, Birnen oder Zwetschgen angezogen, die am Boden in nicht mehr ganz frischem Zustand vor sich hin gären. Wenn der Admiral seinen Saugrüssel in eine Frucht vertieft hat, lässt er sich kaum stören. Ein genauer Blick auf heruntergefallenes Obst kann sich also durchaus lohnen!

Schwärmer: Anmutungen von Kolibris und Schlangen

40 Wie ein Kolibri: Ein Taubenschwänzchen *(Macroglossum stellatarum)* an Sommerflieder.

Am liebsten im strahlenden Sonnenschein aktiv ist ein kleiner, kräftiger Schwärmer (Familie Sphingidae), der jährlich im Frühling und Sommer ebenfalls aus dem Süden über die Alpen zu uns kommt: das Taubenschwänzchen *(Macroglossum stellatarum)*. Manchmal umschwirrt er bis in die Dämmerung hinein Zierpflanzen wie Phlox, Petunien, Fuchsien oder Sommerflieder, in deren Blüten er seinen langen Saugrüssel vertieft. Menschen, die diesen Schmetterling erstmals wahrnehmen, halten ihn oft für einen Kolibri, wenn er im Flug sekundenlang vor einer Blüte »steht«, um dann blitzschnell zur nächsten zu wechseln. Auch er überwintert inzwischen häufiger in Mitteleuropa. Seine Raupen fressen an Labkraut-Arten (*Galium* sp.) und sind daher meist auf mageren Wiesen oder an Wegrainen zu finden. Schwärmer sind eigentlich Nachtfalter, aber das Taubenschwänzchen ist nicht der einzige unter ihnen, der heiße Sommertage liebt: Auch der seltenere Hummelschwärmer *(Hemaris fuciformis)* schwirrt tagsüber manchmal unvermittelt im Garten um Sommerflieder oder Phlox herum. Seine Flügel sind transparent mit breiten braunen Rändern. In Kombination mit seiner »pelzigen« Gestalt erinnert er tatsächlich an eine Hummel. Zur Eiablage sucht er sonnige Waldränder und Säume auf.

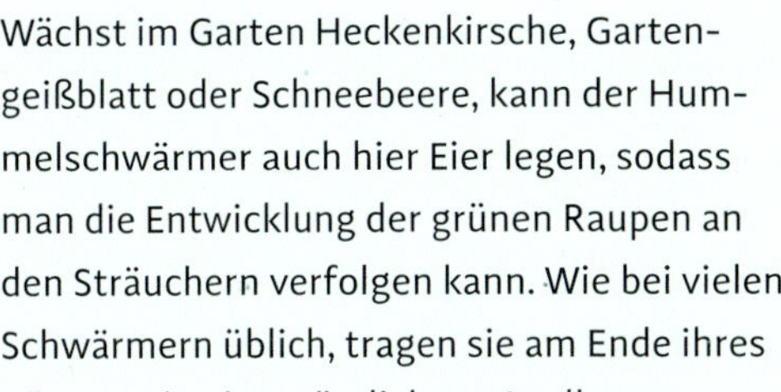

SAFARI-TIPP

Wächst im Garten Heckenkirsche, Gartengeißblatt oder Schneebeere, kann der Hummelschwärmer auch hier Eier legen, sodass man die Entwicklung der grünen Raupen an den Sträuchern verfolgen kann. Wie bei vielen Schwärmern üblich, tragen sie am Ende ihres Körpers ein eigentümliches »Analhorn«.

Unter allen Schmetterlingsraupen, die im Garten vorkommen können, erregen die imposanten Raupen des Mittleren Weinschwärmers *(Deilephila elpenor)* die größte Aufmerksamkeit. Manchmal werden ihre Funde sogar in der regionalen Tagespresse gemeldet, denn mit ihren großen Augenflecken betreiben sie zur Abschreckung anscheinend Schlangenkopf-Mimikry. Der eigentliche Kopf der Raupe kann bei Gefahr so zurückgezogen werden, dass sich die nachfolgenden Körpersegmente mit zwei Paar (!) Augenflecken wulstartig verdicken, was die Wirkung eindrucksvoll verstärkt. Zu ihren bevorzugten Nahrungspflanzen gehören neben

41 Es zählt zu den besonderen Naturerlebnissen im Garten, einem Hummelschwärmer *(Hemaris fuciformis)* zu begegnen.

42 Am Gartengeißblatt *(Lonicera caprifolium)*, auch unter dem Namen »Jelängerjelieber« bekannt, hat ein Hummelschwärmer zwei Eier gelegt.

43 Die grüne Hummelschwärmerraupe ist auf der Bauchseite schokoladenbraun gefärbt.

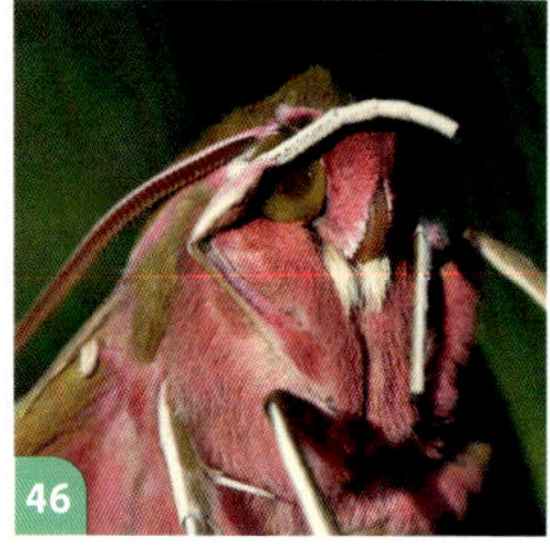

44 Die Raupe des Mittleren Weinschwärmers *(Deilephila elpenor)* mit ihrer »Schlangenkopfimitation« wird im Garten regelmäßig an Fuchsien gefunden, frisst aber – wie in diesem Fall – sehr häufig auch an Weidenröschen.

45 Der frisch geschlüpfte Mittlere Weinschwärmer lässt sich tagsüber in aller Ruhe bewundern, bevor er in der Dämmerung aktiv wird.

46 Porträt eines Mittleren Weinschwärmers.

Weidenröschen und Springkräutern auch Fuchsien, sodass Pflanzkübel und Ziergärten Teile ihres Lebensraumes sind. Es gab auch schon wiederholt Funde an Fieberklee am Gartenteich. Man kann sie im Juli und vor allem im August aufspüren. Die Puppen überwintern am oder im Boden, und im folgenden Jahr fliegen die faszinierend pink gemusterten Falter von Mai bis Juli, teilweise auch in einer zweiten Generation noch im August. Im Garten suchen sie ebenfalls an Phlox und Sommerflieder Nektar. Sie werden jedoch – ähnlich wie übrigens die Raupen – erst in der Dämmerung aktiv und daher selten bemerkt. Blüten mit tiefen Kelchen, die nachts ihren lockenden Duft verströmen, ziehen die kräftigen Schwärmer mit ihren langen Saugrüsseln als Bestäuber an.

Eulen bei Tag und Nacht

Gärten dienen also zahlreichen Nachtfaltern als Lebensraum. Das ist von großer Bedeutung, denn Nachtfalter sind zum Beispiel eine wesentliche Nahrung für Fledermäuse. Eine besonders artenreiche Gruppe bilden die Eulenfalter, von denen man auch einige am Tag beobachten kann. Das gilt insbesondere für die Gammaeule *(Autographa gamma)* – wiederum ein Wanderfalter, dessen Raupen zumindest teilweise auch bei uns überwintern können. Die Gammaeule ist tags und nachts aktiv und trägt ihren Namen nach der weißen Zeichnung auf dem Vorderflügel, der dem entsprechenden Buchstaben aus dem griechischen Alphabet ähnelt. Die grünen Raupen fressen fast beliebig an unterschiedlichen krautigen Pflanzen im Garten – an Löwenzahn und Wegerich ebenso wie an Salat oder Basilikum. Bei massenhaftem Auftreten im Gemüsebeet können sie schädlich werden. Auffällig ist, dass sie sich ähnlich wie Spannerraupen fortbewegen. Ihnen fehlen nämlich zwei der sonst bei Raupen üblichen vier Bauchfußpaare in der Mitte des Körpers. So müssen sie ihren Körper bei der Fortbewegung stets aufwölben, um das Hinterende nachzuziehen.

Von Jahr zu Jahr in schwankender Häufigkeit taucht die Achateule (*Phlogophora meticulosa*) im Garten auf. Sie sitzt tagsüber regungslos auf der Vegetation und tarnt sich als vertrocknetes Blatt. Charakteristisch ist die aparte Zeichnung der gezackten Flügel mit den unterschiedlich getönten, ineinanderliegenden Dreiecken. In Deutschland gibt es Falternachweise aus jedem Monat des Jahres. Zwei Generationen fliegen mit Schwerpunkten im Mai/Juni und – in weit größerer Zahl – von August bis November. Die grünen oder bräunlichen Raupen fressen an sehr unterschiedlichen Pflanzen und können bei uns überwintern. Ob die Achateule in Mitteleuropa dauerhaft bodenständig ist und wann eine Einwanderung erfolgt (im Frühjahr mit der Folge einer flächenhaften Ausbreitung oder erst intensiv im Spätsommer), ist schwer zu durchschauen.

Wer das zeitige Frühjahr nutzt, um im Garten umzugraben, findet dabei regelmäßig Raupen und Puppen weiterer Eulenfalter. Die grünlichen oder graubraunen Raupen (»Erdraupen«) fressen unterirdisch an Wurzeln oder oberirdisch, häufig im Schutz der Nacht, an Gräsern und krautigen Pflanzen. Die Puppen mit ihrer glänzend braunen Farbe fallen in der Erde sofort auf. Besonders häufig ist die Hausmutter (*Noctua pronuba*). Ihr Name rührt daher, dass sie während des Sommers bei der Suche nach Ruheplätzen auch in Häuser fliegt. Ihre variabel gezeichneten Vorderflügel verdecken die orange-gelb gefärbten Hinterflügel. Sie kann damit

47 Eine Gammaeule *(Autographa gamma)* trinkt Nektar an Lavendelblüten.

48 Die Raupe der Gammaeule ist hinsichtlich ihrer Nahrungspflanzen alles andere als wählerisch.

49 Die hübsch gemusterte Achateule *(Phlogophora meticulosa)* verlässt sich auf ihre Tarnung als vertrocknetes Blatt.

Feinde erschrecken, wenn sie die Vorderflügel ruckartig nach oben zieht und das leuchtende Orange plötzlich sichtbar wird.

Und noch eine weitere Eule zieht es regelmäßig ins Haus: Vor allem in feuchten, ungeheizten Kellerräumen ruht im Winter die Zackeneule *(Scoliopteryx libatrix)*, auch Zimteule oder Krebssuppe genannt. Die Bezeichnung »Krebssuppe« hat wohl mit der rötlich braunen Färbung zu tun: Die Flügelzeichnung des Schmetterlings sieht ein bisschen aus, als schaue man in einen Kochtopf.

Die Zackeneule sucht neben natürlichen auch künstliche »Höhlen« auf, um die kalte Jahreszeit zu überdauern. An geeigneten Standorten können Dutzende von Zackeneulen an den Wänden oder der Decke sitzen. Die grünen Raupen der beiden Generationen, die im Laufe des Jahres gebildet werden, fressen an Blättern von Weiden und Pappeln.

50 Schmetterlingspuppen, hier von der Hausmutter *(Noctua pronuba)*, sind typische Funde bei der Gartenarbeit.

51 Die orangefarbenen Hinterflügel der Hausmutter sind normalerweise unter den braunen Vorderflügeln verborgen.

52 Die Zackeneule *(Scoliopteryx libatrix)* überwintert gern in kühlen Räumen.

Das kuriose Leben eines Spinners

Wie unterschiedlich Schmetterlinge in ihrer Gestalt und ihrem Verhalten sein können, zeigt beispielhaft der weitverbreitete und in Gärten überall häufige Schlehen-Bürstenspinner *(Orgyia antiqua)*. Seine Raupen fressen vorwiegend an verschiedenen Laubbäumen und werden meist einzeln auf Sträuchern wie Schlehe, Pflaume oder Weißdorn gefunden. Ihr Aussehen ist kaum mit Worten zu beschreiben: Vom dunkelgrauen oder bläulichen Körper heben sich rote Warzen ab, die abstehende Haare tragen. Schräg nach vorn sind besonders lange schwarze Haarbüschel gerichtet. Insbesondere fallen aber an den ersten vier Segmenten des Hinterleibs vier senkrecht stehende, gelbe bis bräunliche Haarbürsten auf. Die

53 Die bunte, Raupe des Schlehen-Bürstenspinners *(Orgyia antiqua)*.

54 Porträt einer ausgewachsenen Raupe: Mehrere Haarbüschel schützen den Raupenkopf.

Raupe verpuppt sich zu einem hellen Gespinst, in das auch Raupenhaare eingewoben werden. Wenn aus der Puppe ein Weibchen schlüpft, kommt es im Frühsommer – oder in einer zweiten Generation im August – aus dem Kokon heraus und zeigt einen überproportional großen, oval geformten Hinterleib. Die Flügel bleiben winzige Stummel – sie sind stark reduziert und damit funktionsunfähig. Das Weibchen sendet Pheromone aus, lockende Duftstoffe, die von Männchen bei günstigen Luftströmungen noch in kilometerweiter Entfernung wahrgenommen werden können. Sie riechen die Duftmoleküle mit ihren mächtigen, stark gekämmten Fühlern. Die tagaktiven Männchen fliegen dann wendig herbei – ihre rotbraunen Flügel sind normal entwickelt. Auch nach der Paarung bewegt sich das Weibchen nicht vom Fleck. Es beginnt nun, seinen gesamten Puppenkokon mit weißlichen Eiern zu belegen. Dabei wird es allmählich schlanker – sein Hinterleib war also prall mit Eiern gefüllt. Die Verbreitung erfolgt bei diesem Schmetterling nicht über die Falter, sondern über die Jungraupen: Wenn sie frisch geschlüpft und noch winzig sind, werden sie mit ihren langen Haaren leicht vom Winde verweht. Landen sie irgendwann wieder auf einem geeigneten Busch oder Baum, kann der Kreislauf erneut beginnen.

55 Das flugunfähige Weibchen des Schlehen-Bürstenspinners.

56 Ein Männchen ist dem Duft gefolgt: Paarung des Schlehen-Bürstenspinners.

Amphibien und Reptilien

Ein strukturreicher Garten kann sogar Amphibien und Reptilien Lebensraum bieten, die nicht nur unter der nahezu flächendeckenden Vernichtung ihrer Lebensräume in der Agrarlandschaft leiden, sondern auch im Siedlungsbereich vielfältigen Gefahren wie dem Straßenverkehr sowie Katzen und Hunden, Wildschweinen und Waschbären ausgesetzt sind. Mithilfe von Gartenteichen, Trockenmauern, Totholzstapeln und Komposthaufen lassen sich einige Arten dauerhaft in Gärten (zurück)locken.

1 Ein großes Erdkrötenweibchen *(Bufo bufo)* am Haus.

Im Klammergriff: Erdkröten

Erdkröten *(Bufo bufo)* sind noch relativ häufig und weit verbreitet. Auffällig ist ihre warzige Haut mit Drüsen, aus denen sie zur Abwehr ein Hautgift ausscheiden können. Erdkröten können inmitten von Ortschaften und Städten leben und strukturreiche Gärten als Sommerlebensraum nutzen. Im Herbst wandern Erdkröten bereits ein Stück Richtung Laichgewässer und suchen beispielsweise Höhlen, Spalten, Holzstapel, Steinhaufen und auch ungeheizte Keller zur Überwinterung auf. Bei steigenden Temperaturen und ausreichender Feuchtigkeit verlassen die Kröten zwischen Ende Februar und

Anfang April nach Einbruch der Dunkelheit synchron ihre Überwinterungsverstecke und brechen zu ihrem Laichgewässer auf. Die Männchen sind während der Wanderung extrem aufmerksam, verharren regelmäßig und richten den Vorderkörper mit gestreckten Vorderbeinen auf. Jede Bewegung, jedes Rascheln löst eine gerichtete Bewegung dieser »Wächtermännchen« aus. Wer sich nämlich schon jetzt ein Weibchen mit dem Amplexus axillaris, einem gezielten Klammergriff unter den Achseln, sichert, lässt sich huckepack zum Gewässer tragen und braucht nicht erst dort um die eintreffenden Weibchen zu kämpfen.

2 Huckepack zum Laichgewässer: Das kleinere Erdkrötenmännchen lässt sich vom Weibchen tragen.

Im Eifer des Gefechts kommt es jedoch nicht selten zu Fehlgriffen. Daher hört man dort, wo die Kröten in großer Zahl unterwegs sind, immer wieder die kurzen, schnellen Abwehrrufe von Männchen, die irrtümlich von Geschlechtsgenossen umklammert worden sind. Gelegentlich stürzen sich sogar mehrere Männchen gleichzeitig auf ein Weibchen, das dann förmlich unter einem Pulk von Rivalen »begraben« werden kann. Solche Krötenzöpfe kann man manchmal auch im Gewässer treiben sehen, was insbesondere für die Weibchen lebensbedrohlich werden kann, wenn es ihnen nicht mehr gelingt, zum Luftholen an die Oberfläche zu kommen. Wie stark der Klammerreflex der Krötenmännchen ist, lässt sich leicht testen: Schiebt man den suchenden Tieren zwei Finger unter den Vorderkörper, greifen sie sofort zu und lassen freiwillig nicht so schnell wieder los.

Die Ursache für die offensichtlich schwierige Partnerfindung liegt in dem äußerst ungleichen Geschlechterverhältnis: Am Laichgewässer finden sich mehr als doppelt so viele Männchen wie Weibchen ein – das Verhältnis kann sogar bei

3 Krötenzopf im Teich: Mehrere Männchen umklammern ein Erdkrötenweibchen.

4 Eine Erdkröten-Kaulquappe im Laichgewässer.

10:1 liegen. Die Weibchen werden nämlich später geschlechtsreif als die Männchen und kommen dann meist auch nur alle zwei bis drei Jahre zum Laichgewässer. Somit ist es für den Fortpflanzungserfolg der Männchen entscheidend, dass sie besonders aufmerksam, schnell und stark sind – und sich dabei nicht irren.

Gartenteiche sind bei Erdkröten als Laichgewässer beliebt. Die Krötenweibchen legen den Laich in Form von Schnüren mit mehreren tausend Eiern zwischen Wasserpflanzen ab. Nach rund drei Wochen schlüpfen die schwarzen Kaulquappen. Sie können große Schwärme bilden, die man vom Ufer aus gut beobachten kann. Zum Sommer erfolgt die Metamorphose, Beine entwickeln sich, der Schwanz wird zurückgebildet. Die jungen Kröten verlassen ab Juni das Wasser. Die Eltern sind schon vorher in die Sommerlebensräume gewandert.

Frösche im Gartenteich

Frösche sind durch die glatte Haut und die kräftigen Sprungbeine leicht von Kröten zu unterscheiden. Der bräunlich gefärbte Grasfrosch *(Rana temporaria)* zeigt eine ähnlich weite Verbreitung wie die Erdkröte, ist durch dramatische Rückgänge im Laufe der letzten Jahrzehnte mittlerweile aber auf die Vorwarnliste der Roten Liste der Amphibien Deutschlands gesetzt worden. Grasfrösche können sowohl an Land als auch am Gewässergrund überwintern. Die Männchen der Grasfrösche umklammern die Weibchen ebenfalls unter den Achseln der Vorderbeine. Am Wasser stoßen sie knurrende Paarungsrufe aus.

SAFARI-TIPP

Zwischen Februar und April legen Grasfroschweibchen ihre großen Laichballen innerhalb weniger Tage gemeinschaftlich ab. Wer flache, vegetationsreiche und sonnenlichtdurchflutete Teichufer im Garten zu bieten hat, kann dieses erfreuliche Ereignis miterleben.

Ertönt am Gartenteich an warmen Frühlingsabenden ein lautes Froschkonzert, hat meist der Teichfrosch *(Pelophylax esculentus)* Einzug gehalten. Er ist ein Hybrid aus dem Seefrosch *(Pelophylax ridibundus)* und dem Kleinen Wasserfrosch *(Pelophylax lessonae)* und bezüglich der Gewässerstruktur und -qualität anspruchsloser als seine beiden Stammarten. Allerdings sind alle drei einander so ähnlich, dass eine sichere Bestimmung schwierig ist und man allgemein von »Wasserfröschen« oder »Grünfröschen« spricht. Das Quaken erzeugen Teichfrösche mit seitlich am Kopf hervortretenden Schallblasen. Sie sonnen sich gern am Ufer oder auf Seerosenblättern und springen bei Gefahr mit einem weiten Satz ins Wasser.

5 Akrobatische Umklammerung: Auch in unbequemer Haltung hält das Grasfroschmännchen *(Rana temporaria)* das Weibchen im Laichgewässer fest.

6 Ein typischer Grasfrosch-Laichballen.

7 Ein quakender Teichfrosch *(Pelophylax esculentus)*.

Feuersalamander zu Besuch

Wer in den Mittelgebirgsregionen in Waldnähe wohnt, bekommt im Oktober gelegentlich Besuch von Feuersalamandern *(Salamandra salamandra)* im Garten. Auf der Suche nach Überwinterungsverstecken zieht es sie nämlich gerne in die Nähe der Häuser, wo sie ähnlich wie Erdkröten in die Schächte von Kellerfenstern geraten können. Weil

8 Ungewöhnlicher Hausbesuch: Ein Feuersalamander *(Salamandra salamandra)* …

9 … sucht nach einem Überwinterungsversteck.

ihre Haut sehr empfindlich gegen Austrocknung ist, werden Feuersalamander vor allem nachts nach starken Regenfällen aktiv. Tagsüber verstecken sie sich unter Totholz, feuchtem Moos, Laub oder Steinen. Werden sie dort von Fressfeinden aufgestöbert, zeigen sie mit ihrer einzigartigen, gelb-schwarzen Warnfärbung an, dass sie aus den Drüsen hinter den Augen und am Rücken ein Nervengift ausscheiden können. Im Frühjahr setzen die Weibchen ihre Larven lebendgebärend in fischfreien Waldbächen ab.

Schlängelnde Raritäten: Ringelnatter und Blindschleiche

Manchmal zieht ein Gartenteich sogar eine Ringelnatter *(Natrix natrix)* an. Leider reagieren viele Menschen immer noch mit Unbehagen darauf, wenn sie sich durchs Wasser schlängelt oder auf der Terrasse sonnt. Doch die Bestände unserer häufigsten Schlangenart leiden sehr unter Verlusten durch Gewässerregulierungen, intensivierte Landwirtschaft und den Straßenverkehr. Nach der Überwinterung, die in unterirdischen Verstecken, Kompost- oder Steinhaufen oder sogar in Kellern erfolgen kann, paaren sich Ringelnattern im April oder Mai. Im Juli oder August legen sie ihre Eier gern in Komposthaufen ab, wo die Fäulniswärme ihre Entwicklung begünstigt. Zur Feindabwehr können Ringelnattern eine übel riechende Flüssigkeit aus der Kloake ausscheiden und sich in spektakulären Verrenkungen totstellen. Im und am Gartenteich machen sie Jagd auf Amphibien.

Die Blindschleiche *(Anguis fragilis)* ist wohl unsere häufigste Reptilienart, was daran liegt, dass sie als Kulturfolgerin auch mitten in der Stadt Lebensräume findet. Voraussetzung für ihr Vorkommen in Gärten sind geeignete Strukturen: Sie sonnt sich gern am Rand von Hecken oder Trockenmauern. In Tagesverstecken – unter Folien, Brettern, Steinen oder Blechen – kann man oft mehrere Tiere

10 Die Ringelnatter ist eine elegante Schwimmerin.

gemeinsam antreffen. Die Nahrung der Blindschleichen besteht hauptsächlich aus Nacktschnecken und Regenwürmern, aber auch Raupen, Asseln und Spinnen werden regelmäßig gefressen. Mehrere Male im Jahr häuten sich die Tiere. Die Haut wird dabei zu ringförmigen Wülsten zusammengeschoben. Dadurch kann man sie sofort von einer Schlangenhaut unterscheiden, denn Schlangen hinterlassen immer ein vollständiges, lang gestrecktes »Natternhemd«. Im Frühling ist die Paarungszeit. Männliche Blindschleichen kämpfen manchmal heftig um die Weibchen. Ihre Kraft messen sie in sogenannten Kommentkämpfen: Ziel ist es, den Rivalen mithilfe von Nackenbissen zu Boden zu drücken.

Im Sommer tragen die Weibchen die Jungtiere aus. Bei der Geburt im August oder September befreit sich der Nachwuchs sofort aus den dünnen Eihüllen. Danach dauert es nicht mehr lange, bis die Blindschleichen im Oktober ihre frostfreien Überwinterungsverstecke unter Baumwurzeln, Steinen oder Komposthaufen aufsuchen, manchmal gemeinsam mit anderen Amphibien- und Reptilienarten.

11 Am gelben »Halbmond« hinter dem Kopf ist die Ringelnatter *(Natrix natrix)* sofort zu identifizieren.

12 Blindschleichen *(Anguis fragilis)* ruhen häufig unter Totholz – hier ein trächtiges Weibchen.

13 Porträt einer Blindschleiche.

SAFARI-WISSEN

Weil sie keine Beine hat, könnte man die Blindschleiche auf den ersten Blick mit einer Schlange verwechseln. Die Familie der Schleichen steht verwandtschaftlich aber den Eidechsen nahe. Wie diese kann die Blindschleiche bei Gefahr ihr Schwanzende abwerfen, das dann zuckend den Angreifer irritiert.

Blindschleichen haben viele Feinde, darunter Greifvögel, Marder, Wildschweine und Hauskatzen. Leider werden sie außerdem sehr oft überfahren oder sogar zertreten, wenn sie sich auf Straßen oder Wegen sonnen. Weitere Verluste treten infolge von Pestizideinsatz (Schneckenkorn) oder durch Zerstückelung durch Mähgeräte auf. Am stärksten macht der gesetzlich geschützten Blindschleiche aber der Verlust von Lebensräumen zu schaffen: Ein deutlicher Rückgang findet überall dort statt, wo kleinräumige Strukturen beseitigt werden.

Sonnenplätze gesucht: Zauneidechsen

Eigentlich zählen auch Zauneidechsen (*Lacerta agilis*) zu den Kulturfolgern, die sich in der Nähe des Menschen durchaus wohlfühlen. Doch inzwischen haben sie es besonders schwer: Sowohl das »Ausräumen« der Landschaft auf intensiv genutzten Flächen als auch die Nutzungsaufgabe traditioneller Kulturlandschaften führen zu einem Rückgang ihrer Bestände. In Siedlungsbereichen werden Eidechsen regelmäßig zur Beute von Hauskatzen.

14 Dieses Zauneidechsenmännchen *(Lacerta agilis)* hat seinen Sonnenplatz im Frühling auf einem Stein gefunden.

Die Zeichnung der Echsen ist höchst variabel. Sehr auffällig sind helle Flecken mit dunkler Umrandung, die sich an den Flanken entlangziehen. Diese »Augenflecken« sind besonders schön bei den Weibchen ausgebildet, bei den Männchen fehlen sie oft. Während die Weibchen überwiegend braun gefärbt sind, leuchten die Männchen an den Seiten vor allem zur Paarungszeit im Frühjahr in einem prächtigen Grün. Über den Rücken zieht sich ein breiter brauner Längsstreifen, der von helleren Linien gesäumt wird. Diese Streifung hat einen verblüffenden Effekt: Auf trockenem Gras verschwinden ihre Konturen – die Tiere werden nahezu unsichtbar. Das ist auch nötig, denn sonst könnten sie schnell in die Fänge des Turmfalken oder vieler anderer Feinde geraten. Zauneidechsen sind noch mehr als andere Reptilien auf reich strukturierte Lebensräume angewiesen. Steinhaufen, Holzstapel und Trockenmauern sind als Sonnen- und Versteckplätze sehr beliebt. Die Weibchen der Zauneidechse legen ihre Eier im Juni oder Juli in lockerem und warmem Boden ab. Zwischen Ende Juli und Mitte September schlüpfen die bräunlich olivgrünen Jungtiere, die bereits die Zeichnung mit den Augenflecken tragen. Sie jagen noch bis weit in den Herbst hinein vor allem nach Insekten, um sich Fettreserven anzufressen, während sich die erwachsenen Echsen oft schon im September in ihre Winterquartiere zurückziehen.

15 Perfekte Tarnung: Ein Zauneidechsenpärchen im Gras.

16 Noch Ende September sonnt sich diese junge Zauneidechse auf einem Holzzaun.

Sympathieträger im Garten:

Eichhörnchen und Igel

1 Vogelfutter steht bei Eichhörnchen *(Sciurus vulgaris)* hoch im Kurs.

2 Noch Anfang März hat dieses Eichhörnchen eine Walnuss aus einem Versteck hervorgeholt.

Verfolgungsjagden durchs Geäst

Eichhörnchen (*Sciurus vulgaris*) sind den meisten Menschen sehr sympathisch: Ihr rundliches Gesicht mit den großen Augen und die als »Hände« einsetzbaren Vorderpfoten lassen sie geradezu niedlich erscheinen. Doch der friedfertige Eindruck täuscht ein wenig: Eichhörnchen sind sehr territorial und gegenüber Artgenossen ziemlich aggressiv. Sogar in der Paarungszeit müssen Männchen einem Weibchen gegenüber erst einmal ihre Fitness in wilden Verfolgungsjagden beweisen, bevor sie sich nähern dürfen.

Eichhörnchen leben in einem riesigen Verbreitungsgebiet, das sich über weite Teile Eurasiens erstreckt. Ihre angestammten Lebensräume liegen in den Wäldern. Ihre Energie beziehen sie aus einer vielfältigen Nahrung. Mit großem Geschick sammeln und öffnen sie beispielsweise Eicheln, Haselnüsse, Walnüsse und Fichtenzapfen. Dabei stehen sie aber nicht nur in Konkurrenz mit Eichelhähern, Rüsselkäfern, Spechten oder Kreuzschnäbeln, sondern sehen sich auch noch einem jährlich mitunter stark schwankenden Fruchtansatz der Bäume ausgesetzt: Der gar nicht zu bewältigenden Schwemme von Mastjahren folgen oft magere Zeiten. Doch Eichhörnchen haben längst auch die Parkanlagen und Gärten der Städte und Dörfer erobert. Hier sind sie heute sogar deutlich häufiger als in den bewirtschafteten Forsten, weil sie meist rund ums Jahr ein gesichertes Nahrungsangebot finden. Sie suchen beispielsweise regelmäßig Vogelfutterstellen in den Gärten auf. Außerdem »ernten« sie mit Vorliebe Walnussbäume ab und legen in Verstecken Vorräte für den langen Winter an.

Mit ihren scharfen Krallen können Eichhörnchen geschickt an Baumstämmen hinauf- und herabklettern, und ihr buschiger Schwanz dient ihnen zum Balancieren und Steuern, wenn sie von Ast zu Ast springen. Die einzelnen Tiere sind recht unterschiedlich gefärbt: Manche Eichhörnchen tragen ein hellrotes Fell, andere sind fast schwarz. In Baumhöhlen, aber auch frei im Geäst bauen sie ihre gut gepolsterten, kugelförmigen Nester, die man als Kobel bezeichnet. In ihnen verbringen sie die Nacht, aber auch Mittagspausen und Schlechtwetterphasen, und hier bringen sie ihre drei bis fünf Jungen zur Welt. Als »Lagerjunge« werden diese rund 40 Tage lang von ihrer Mutter gewärmt und gesäugt, bevor sie erstmals aus dem Nest hervorkommen und von der Mutter herbeigeschaffte feste Nahrung zu sich nehmen. Um an proteinreiche Kost zu gelangen, räubern Eichhörnchen im Sommer auch Vogelnester aus und fangen Insekten. Dabei müssen sie ständig auf der Hut sein, nicht selbst zur Beute zu werden, denn neben dem Straßenverkehr zählen Greifvögel und Marder zu ihren Hauptfeinden.

3 Etwa fußballgroß ist dieser Eichhörnchenkobel.

4 Geschickt entrindet das Eichhörnchen mit seinen Zähnen und Krallen einen abgestorbenen Ast und trägt das Baumaterial anschließend zu einem seiner Baumnester.

Schmatzend durch das Unterholz

5 Die empfindliche Nase ist für den Igel *(Erinaceus europaeus)* beim Aufspüren von Nahrung von größter Bedeutung.

Während Eichhörnchen nur tagsüber aktiv sind, verlassen Igel erst in der Dämmerung ihre Schlafnester. In Mitteleuropa lebt der Braunbrustigel (*Erinaceus europaeus*), im östlichen Mitteleuropa gibt es einen Überlappungsbereich mit dem Verbreitungsgebiet des Nördlichen Weißbrustigels (*Erinaceus roumanicus*). Für Braunbrustigel stellen strukturreiche Gärten ideale Lebensräume dar – sie haben im Siedlungsbereich sogar ihre größte Vorkommensdichte. Hier ist ihr größter Feind der Straßenverkehr, denn Igel haben große Aktionsräume zwischen 5 und 360 Hektar und können in einer Nacht mehrere Kilometer zurücklegen.

Das Stachelkleid des Igels ist ein überaus raffinierter Schutz: Rund 8.000 Stacheln bedecken den Igelkörper oberseits komplett. Es handelt sich um umgewandelte Haare. »Baumaterial« ist Keratin. Die Stacheln sind 20 bis 30 Zentimeter lang, innen hohl, dadurch sehr leicht, biegsam, aber überaus stabil. An der Basis sind sie in die Muskulatur eingebettet und in entspannter Haltung nach hinten gerichtet. Wenn ein Igel sich bedroht fühlt, spannt er die Muskulatur an, sodass die Stacheln sich aufrichten und ihn in alle Richtungen schützen. Außerdem formt er den Körper zu einer Kugel, sodass die ungeschützten Körperbereiche – Gesicht, Brust und Bauch – für Feinde nicht erreichbar sind.

Igel ernähren sich fast ausschließlich von tierischer Kost. Sie erbeuten beispielsweise Insekten, Regenwürmer, Amphibien und sogar Eidechsen und Schlangen. Auch die Gelege bodenbrütender Vögel sind nicht vor ihnen sicher. Ihre Beute spüren sie selbst bei völliger Dunkelheit durch ihren ausgezeichneten Gehör-, Tast- und Geruchssinn auf. Bei der abendlichen Nahrungssuche hört man im Garten daher oft schon von der Terrasse aus, wie ein Igel raschelnd und schmatzend durch das trockene Laub unter Hecken und Gebüsch zieht.

Während der meisten Zeit des Jahres sind Igel Einzelgänger.

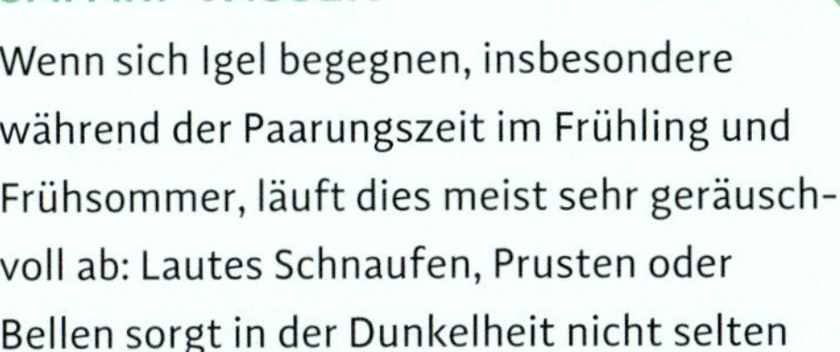

SAFARI-WISSEN

Wenn sich Igel begegnen, insbesondere während der Paarungszeit im Frühling und Frühsommer, läuft dies meist sehr geräuschvoll ab: Lautes Schnaufen, Prusten oder Bellen sorgt in der Dunkelheit nicht selten für Schreckmomente.

Igel nutzen im Laufe eines Jahres verschiedene Nester. In Tagesnestern in Hecken, unter Holzstapeln oder Steinhaufen verbringen sie ihre täglichen Ruhephasen. In einem gut gepolsterten Aufzuchtnest werden im Sommer durchschnittlich fünf Junge geboren, die hier gesäugt werden und ab einem Alter von rund drei Wochen mit der Mutter gemeinschaftlich auf erste Wanderungen gehen. Etwa vier Wochen später werden sie selbstständig und verlassen bald das Revier der Mutter. In Winternestern, die in Komposthaufen, Gebäuden oder auch unterirdisch liegen können, senken Igel zwischen Oktober und März ihre Körpertemperatur und ihren Herzschlag herab und verfallen in tiefen Winterschlaf. Zuvor müssen sie sich ausreichende Fettreserven angefressen haben. Bei milden Temperaturen können sie im Winter auch tagsüber kurzfristig auf Nahrungssuche gehen.

6 Igel werden ständig von Parasiten wie dem Igelfloh geplagt. Kratzen mit den Krallen der Hinterfüße verschafft Linderung.

7 Igel bestreichen ihre Stacheln durch Selbstbespeicheln mit giftigen und infektiösen Sekreten – man sollte sich also nicht stechen lassen.

Sommerbienen

Der Rasen wird zur Wiese …

Wildbienen kann man im Sommer am besten beobachten, wenn man im Garten ihre bevorzugten Nahrungsquellen kultiviert oder sie einfach wachsen lässt. Dazu gibt es einfache und sehr arbeitssparende Methoden. Die wichtigste: den Rasen nicht so oft mähen und nicht düngen. So entwickelt er sich zu einer kleinen Wiese. Manchmal reicht es schon, eine sonnig gelegene Teilfläche beim Mähen auszusparen. Dann können dort Pflanzen zur Blüte gelangen, deren Existenz man vorher wahrscheinlich nicht einmal bemerkt hätte. Der Verzicht auf Dünger fördert zudem die Artenvielfalt, denn hohe Nährstoffeinträge bewirken stets, dass wenige Arten – meist einige Gräser und Löwenzahn – üppig aufwachsen und die anderen verdrängen. Eine der wichtigsten und häufigsten Pflanzen, die sich auf nicht zu intensiv gepflegten Rasenflächen leicht einstellt, ist das Gewöhnliche Ferkelkraut (*Hypochaeris radicata*). Mit seiner flach am Boden liegenden Blattrosette ist es unempfindlich gegen Tritt und Mahd, aber es schiebt bis zu 70 Zentimeter lange Blütenstängel in die Höhe, an deren Ende sich leuchtend gelbe Blütenstände entfalten. Das Ferkelkraut gehört wie Löwenzahn und Gänseblümchen zur Familie der Korbblütler (Asteraceae). Die Blütenkörbchen mit ihren jeweils bis zu 100 Zungenblüten bieten nur vormittags Nektar und Pollen an, nachmittags schließen sie sich. Dafür ist die Blütezeit sehr lang, sie beginnt im Juni und erstreckt sich über den gesamten Hochsommer bis in den Herbst. Damit ist es eine ideale Nahrungspflanze für alle Korbblütlerspezialisten unter den Wildbienen, deren Flugzeit im Hochsommer liegt.

Hosenbienen

Die wohl spektakulärste Art, die man im Sommer mit Ferkelkraut zumindest in sandigen Regionen zuverlässig in den Garten locken kann, ist die Braunbürstige Hosenbiene *(Dasypoda hirtipes)*. Die Weibchen tragen weiße Binden am Rand der Hinterleibssegmente, sind aber vor allem durch überdimensional lange, braune Schienenbürsten an den Hinterbeinen gekennzeichnet, die dem Pollentransport dienen. Man kann Hosenbienen ausgiebig dabei beobachten, wie sie um die Mitte der Blütenkörbe herumwirbeln und dabei ihre Haarbürsten so mit trockenem Pollen anreichern, dass diese sich zu riesigen »Hosen« erweitern. Neben Ferkelkraut sind auch Wegwarte, Wiesen-Pippau, Habichtskräuter, Gänsedisteln und Bitterkraut sehr beliebt. Dass die Weibchen im Zuge eines Sammelfluges so riesige Pollenmengen aufnehmen, mag eine Anpassung daran sein, dass viele Korbblütler ihre Blüten nachmittags geschlossen halten. Die Zeit zum Pollensammeln ist also begrenzt. Die struppigen Männchen patrouillieren auf der Suche nach Weibchen in äußerst rasantem Flug zwischen den Blütenkörben und trinken ihren Nektar in raschen Drehbewegungen.

Die Hosenbienenweibchen tragen ihre Pollenernte zu ihren Nistplätzen, die bevorzugt auf offenen Sandflächen angelegt werden – zum Beispiel an wenig bewachsenen Hängen, aber auch direkt auf

1 Ein Hosenbienenweibchen *(Dasypoda hirtipes)* sammelt Pollen am Ferkelkraut.

2 Ein Hosenbienenmännchen trinkt Nektar.

Sandwegen und nicht selten in den Fugen zwischen Pflastersteinen. An günstigen Stellen bilden sich Kolonien heraus, in denen Dutzende von Hosenbienen ihre Nester dicht nebeneinander anlegen. Jeder Nesteingang ist durch einen Auswurfhügel gekennzeichnet, in dessen Mitte ein großes, rundes Einflugloch liegt. Von hier aus führt ein Gang 20 bis 60 Zentimeter in die Tiefe. Am Ende zweigen waagerechte Seitengänge ab, die zu den Brutzellen führen. In ihnen vermengt die Hosenbiene den eingetragenen Pollen mit Nektar, legt ein Ei dazu und verschließt die Brutzelle schließlich.

3 Mit Pollen beladen, kehrt ein Hosenbienenweibchen zum Nistplatz zurück.

4 Warten auf besseres Wetter: Eine Hosenbiene schaut aus ihrem Nest.

SAFARI-TIPP

Auch die Braunbürstige Hosenbiene kommt nicht ohne Gegenspielerin aus: Am Nistplatz startet die Satellitenfliege *Miltogramma oestraceum* regelrechte Verfolgungsflüge, wenn Hosenbienen mit Pollen heimkehren. Man muss genau hinschauen, um die rasanten Manöver wahrzunehmen!

Zottelbienen

Bienen, die Pollen nur an von ganz bestimmten Pflanzenfamilien oder sogar Gattungen sammeln, bezeichnet man als oligolektisch – im Gegensatz zu polylektischen Arten, die ein breites Spektrum von Blütenpflanzen anfliegen. Wie die Hosenbiene sammelt auch die Stumpfzähnige Zottelbiene *(Panurgus calcaratus)* oligolektisch an Korbblütlern und fliegt sehr gern auf Ferkelkraut. Sie ist viel kleiner als Hosenbienen – nicht einmal einen Zentimeter

Länge erreicht sie. Ihr lang gestreckter, struppig behaarter Körper glänzt tiefschwarz. Die Sammelhaare an den Beinen sind lang und zottig, sodass sie ähnlich wie Hosenbienen bei jedem Sammelflug eine große Menge an Pollen mitnehmen kann. Die Fühler sind keulenförmig.

Die Weibchen legen ihre Nester oft in Kolonien an Wegrändern, Böschungen oder Steilwänden in sandigem oder lehmigem, vegetationsfreiem Boden an. Dabei können mehrere Weibchen denselben Nistgang benutzen, der sich nach wenigen Zentimetern im Boden verzweigt. Diese Nistweise bezeichnet man als kommunal. Eine soziale Lebensweise liegt jedoch nicht vor; jedes Weibchen versorgt seine eigenen Nistzellen.

5 Eine Stumpfzähnige Zottelbiene *(Panurgus calcaratus)* bei der Pollenernte.

6 Zottelbienenpaarung auf Ferkelkraut im Vorgarten.

SAFARI-TIPP

Wenn man Zottelbienenweibchen beim Pollensammeln auf den Blütenkörbchen verfolgt, kann man regelmäßig auch Paarungen beobachten: Sobald ein Weibchen in Sichtweite eines patrouillierenden Männchens gerät, greift das Männchen blitzschnell zu und hält es für mehrere Sekunden lang fest umklammert. Nach der Paarung begibt es sich sofort auf die Suche nach weiteren Weibchen, stärkt sich aber auch immer wieder mit Nektar.

Löcherbienen

Auch die kleine, nur bis zu sieben Millimeter lange Gewöhnliche Löcherbiene *(Heriades truncorum)* sammelt oligolektisch an Korbblütlern, ist aller-

7 Eine Gewöhnliche Löcherbiene *(Heriades truncorum)* an ihrem Nestverschluss aus Baumharz.

8 Eine Zehnpunkt-Keulenwespe *(Sapygina decempunctata)* belauert einen Löcherbienen-Nistplatz.

dings wie die nah verwandten Mauerbienen eine Bauchsammlerbiene. Bis zu zehn Brutzellen legen die Weibchen in hohlen Pflanzenstängeln oder in Käferfraßgängen an. Die Art ist wie Mauerbienen sehr häufig an Nisthilfen zu beobachten, wo sie den ganzen Sommer über Schilfhalme, Bambusröhrchen oder Holzbohrlöcher mit einem Durchmesser von drei bis vier Millimeter nutzt. Die Trennwände der Brutzellen und der Nestverschluss werden aus Baumharz hergestellt, und außen werden Fremdkörper wie Steinchen eingearbeitet. Dieser harte Nestverschluss soll vor Eindringlingen schützen, die am Nistplatz lauern – so zum Beispiel vor der schlanken, dunklen Zehnpunkt-Keulenwespe *(Sapygina decemguttata)*, die als spezifischer Brutparasit immer wieder die Nistplätze der Löcherbiene inspiziert und ihre Eier in die Nistzellen legt, während das Bienenweibchen Pollen sammelt.

Expansiv und sozial: die Gelbbindige Furchenbiene

Noch eine sehr interessante Wildbiene erscheint am Ferkelkraut: Die Gelbbindige Furchenbiene *(Halictus scabiosae)* liebt Wärme und breitet sich aktuell massiv in Mitteleuropa aus. Vor 1990 galt sie in Deutschland als stark gefährdet und selten, da sie nur in den wärmsten Gebieten entlang der Täler von Rhein, Nahe und Main vorkam und an vielen ursprünglichen Standorten sogar schon nicht mehr nachgewiesen werden konnte. Seither jedoch hat sich die Entwicklung umgekehrt: Die Gelbbindige Furchenbiene eroberte von Südwesten her weite Teile Deutschlands. Sogar in höher gelegenen Mittelgebirgsregionen kann man sie inzwischen beobachten. Die Art zeigt eine sehr charakteristische Hinterleibszeichnung mit ockerfarbenen Querbinden sowohl an der Basis als auch am Ende der Segmente (»Doppelbinden«) und ist dadurch von anderen Furchenbienen gut zu unterscheiden, sofern diese filzige Behaarung nicht schon abgerieben ist.

Die Gelbbindige Furchenbiene ist zwar polylektisch und damit nicht an Korbblütler gebunden, sie zeigt aber eine ausprägte Vorliebe für diese Pflanzenfamilie. Man begegnet ihr auf Wiesen, Brachen, an Wegrändern und in Gärten, oft auch mitten in der Stadt. Den Pollen tragen die Weibchen an den Haaren der Hinterbeine in ihre Nester, die selbst gegrabene Hohlräume im Boden darstellen. Sie nisten manchmal auch in sandigen Mauer- oder Pflastersteinfugen, mitunter in großen Kolonien.

Im Gegensatz zu den meisten anderen Wildbienen sind die Weibchen aber keine Einzelgängerinnen, sondern zeigen eine frühe Übergangsstufe zur Staatenbildung: Sie sind »primitiv eusozial«. Nach der Überwinterung betreuen im Frühling nämlich einige wenige Weibchen gemeinsam ein Nest, in dem ein dominantes Weibchen die Eier legt und den Nesteingang gegen unerwünschte Eindringlinge bewacht. Haben die Hilfsweibchen ihre Aufgabe erfüllt und den Nachwuchs des dominanten Weibchens ausreichend versorgt, werden sie vertrieben und gründen dann eigene Nester. Dem Hauptweibchen helfen nun die eigenen Töchter: Die Weibchen der ersten Brut bleiben meist als Arbeiterinnen im Geburtsnest, während die Weibchen der im Spätsommer schlüpfenden zweiten Brut nach der Paarung überwintern und im nächsten Frühjahr neue Kolonien gründen.

9 Die Gelbbindige Furchenbiene *(Halictus scabiosae)* hat die Gärten vom Südwesten bis in den Nordosten Deutschlands innerhalb weniger Jahrzehnte erobert.

10 Rendezvousplatz Kratzdistelblüten: ein Pärchen der Gelbbindigen Furchenbiene.

11 Eine Wächterin der Gelbbindigen Furchenbiene verschließt mit ihrem Kopf den Nesteingang.

SAFARI-TIPP

Im Sommer zeigt sich an geeigneten Nahrungsplätzen der Gelbbindigen Furchenbiene, zum Beispiel an blühenden Disteln, ein beeindruckendes Schauspiel: Die deutlich schlankeren, mit langen Fühlern ausgestatteten Männchen sausen über den Blütenständen hin und her und stürzen sich auf jedes Weibchen, das hier erscheint, um sich mit ihm zu paaren.

Territorial: Wollbienen

12 Fünf schwarze Dornen – die Waffen eines Männchens der Garten-Wollbiene *(Anthidium manicatum)*.

Das Paradebeispiel dafür, dass Blüten bei Bienen nicht nur als Nahrungsquelle, sondern auch als Rendezvousplätze dienen, liefern Wollbienen. Die Große Wollbiene *(Anthidium manicatum)*, auch Garten-Wollbiene genannt, trifft man tatsächlich vorwiegend in Gärten an, wo die Weibchen Pollen und Nektar an Lippen-, Schmetterlings- und Rachenblütlern sammeln – also beispielsweise an Lavendel, Wicken oder Fingerhut. Die im Vergleich zu den Weibchen sehr großen Männchen dieser auffallend schwarz-gelb gezeichneten Art sichern sich meist im Juli entsprechende Blütenstände als Reviere. Immer wieder brechen sie von ihren Sitzwarten zu Patrouillenflügen zwischen den Blüten auf. Kompromisslos attackieren sie alle »fremden« Insekten: Honigbienen, Hummeln, manchmal sogar Schmetterlinge werden gerammt und aus dem Revier vertrieben. Mit konkurrierenden Männchen kommt es nicht selten zu Kämpfen und Verfolgungsflügen. Als »Waffen« dienen fünf dunkle Dornen am Hinterleibsende, die zu ernsthaften Flügelbeschädigungen bei den »Opfern« führen können. Gerät allerdings ein Wollbienenweibchen ins Blickfeld, nimmt das Männchen kurz im Schwirrflug Maß und fliegt das Weibchen dann während des Blütenbesuchs von oben an. Die Paarung auf den Blüten dauert etwa zehn Sekunden – anschließend wacht das Männchen weiter über sein Revier und hält erneut nach Weibchen Ausschau.

Zum Nestbau nagen die Weibchen die »Wolle« von behaarten Pflanzenstängeln ab. Die Nistzellen formen sie anschließend in allen möglichen Hohlräumen, beispielsweise zwischen Mauersteinen, in Holzspalten oder Metallrohren. Wollziest *(Stachys byzantina)* ist eine ideale Pflanze, um Wollbienen in den Garten zu locken: Mit seiner silbergrauen Behaarung ist dieser Lippenblütler (Lamiaceae) nicht nur ein attraktiver Blickfang im Blumenbeet, sondern liefert der Garten-Wollbiene Nahrung und Nistmaterial. Wenn sich Wollbienen an der Pflanzenwolle zu schaffen machen, sollte man allerdings genau hinschauen: Rötliche Beine und grüne Augen kennzeichnen die nah verwandte Spalten-Wollbiene *(Anthidium oblongatum)*, die als wärmeliebende Art vor allem in der Südhälfte Deutschlands, aber auch in und um Berlin verbreitet ist. Die Männchen bilden ebenfalls Territorien, allerdings nicht an Lippenblütlern, sondern an Fetthennengewächsen, Reseden und Schmetterlingsblütlern.

13 Paarung der Garten-Wollbienen auf Wollziestblüten.

14 Eine Spalten-Wollbiene *(Anthidum oblongatum)* schabt Pflanzenhaare vom Wollziest ab ...

15 ... und formt daraus eine weiche Kugel für den Nestbau.

Glockenblumen gesucht

Es ist kein leichtes Unterfangen, den Verlust der Vielfalt, der in Feld und Flur allerorten um sich greift, in Gärten auszugleichen. Eine dramatische Rolle spielt vor allem der Rückgang an Nahrungs-

16 Eine Glockenblumen-Sägehornbiene *(Melitta haemorrhoidalis)* in einer Blüte der Nesselblättrigen Glockenblume *(Campanula trachelium)* – hier im Botanischen Garten Berlin.

17 Auch die Glockenblumen-Scherenbiene *(Chelostoma rapunculi)* sammelt oligolektisch an Glockenblumen.

pflanzen für Insekten. So gab es früher an nahezu jedem Feldweg Glockenblumen, deren wohlgeformte Blüten mit ihren unterschiedlichen Farbnuancen von Blau und Violett jeden Sommerspaziergang zu einer faszinierenden Entdeckungstour werden lassen konnten. Blütenreiche Wegraine und Wiesen gibt es heute kaum noch. Damit sind auch die Glockenblumen weithin verschwunden und mit ihnen die oligolektisch an Glockenblumen gebundenen Wildbienen. Da Glockenblumen mit ihrer besonderen Ästhetik als Gartenpflanzen recht beliebt sind, können sich Gärten für solche Wildbienen als willkommene Rückzugsorte erweisen. Das gilt zum Beispiel für die Glockenblumen-Sägehornbiene *(Melitta haemorrhoidalis)*, deren Weibchen etwa 12 Millimeter lang sind und sehr schmale, weiße Haarbinden auf den Hinterleibssegmenten tragen; das Körperende ist stets hellrot behaart. Die Männchen weisen eine längere braune Behaarung auf und schlafen gern in den Blüten. Die Weibchen sammeln unermüdlich Pollen und Nektar und formen daraus beeindruckende »Batzen« an den Hinterbeinen, die sie in ihre unterirdischen Nester tragen. Eine Bauchsammlerbiene mit lang gestrecktem Körperbau und schmalen weißen Querbinden ist hingegen die Glockenblumen-Scherenbiene *(Chelostoma rapunculi)*, die wiederum gern röhrenförmige Nisthilfen annimmt. Neben diesen und weiteren Spezialisten besuchen auch einige Hummeln und andere Bienenarten sehr gern Glockenblumen, etwa die Garten-Blattschneiderbiene *(Megachile willughbiella)*.

Blattschneiderbienen

Die Garten-Blattschneiderbiene ist etwa so groß wie eine Honigbiene und vor allem unterseits sehr hübsch gefärbt: Die Bauchbürste des Weibchens ist hellrot, aber bereits am 4. Segment teilweise, am 5. und 6. Segment komplett schwarz. Es gibt mehrere ähnliche Arten mit roter Bauchbürste, bei denen die schwarze Behaarung meist aber frühestens ab dem 5. Segment beginnt und daher weniger ausgedehnt ist. Die Männchen der Garten-Blattschneiderbiene haben grünlich marmorierte Augen. Charakteristisch ist der sehr stark verbreiterte, weiße »Vorderfuß« (Tarsus) mit einem breiten, gelblich weißen Haarkamm. Die eigentümlichen Tarsen enthalten Drüsen, aus denen das Männchen bei der Paarung Duftstoffe auf die Fühler des Weibchens überträgt. Dazu legt es die Tarsen so auf den Kopf des Weibchens, dass dessen Fühler sich an die gekrümmte Innenfläche der Tarsen schmiegen. Die Augen des Weibchens deckt es dabei mit dem Tarsenkamm zu. Bei der Unterscheidung von ähnlichen Arten mit verbreiterten Vordertarsen hilft der leuchtend orange Außenbereich der Vorderschenkel. Man erkennt daran aber schon, wie genau man hinschauen muss – die sichere Bestimmung von Wildbienen ist oft sehr schwierig, zumal man die meisten Arten ohne optische Hilfsmittel wie ein Binokular und ohne einen Bestimmungsschlüssel nicht auseinanderhalten kann.

Die Weibchen der Garten-Blattschneiderbiene schneiden Blattstücke beispielsweise von Rosen, Hainbuchen oder Eichen ab und formen damit die Wände ihrer Nistzellen. Diese Nistzellen liegen dann als zigarrenförmige Gebilde hintereinander in den geraden oder sich verzweigenden Nistgängen.

18 Besetzt! Die Garten-Blattschneiderbiene *(Megachile willughbiella)* muss warten, bis die Glockenblumen-Sägehornbiene die Glockenblumenblüte freigibt.

19 Eine männliche Garten-Blattschneiderbiene trinkt Nektar an Salbei im Garten.

Die Aktivitäten der Blattschneiderbienen fallen oft im Nachhinein auf, wenn zahlreiche Blätter eines Rosenstrauchs ovale Blattausschnitte aufweisen.

20 Diese Schwarzbürstige Blattschneiderbiene *(Megachile nigriventris)* räumt Holzspäne aus dem Nesteingang.

21 Ein Weibchen der Schwarzbürstigen Blattschneiderbiene trägt ein Blattstück in das Nest im Holzgeländer.

SAFARI-TIPP

Die Garten-Blattschneiderbiene nistet in unterschiedlichen Hohlräumen, die die Weibchen entweder bereits vorfinden oder selbst graben. Mögliche Substrate sind Trockenmauern, Wände mit Fugen und Spalten, Lösswände oder verlassene Nester anderer Wildbienen. Im Garten lassen sich Nistplätze oft in morschem Totholz (Baumstümpfe, Balken), in Pflanzerde in Blumentöpfen oder auch in Nisthilfen mit Bohrlöchern oder Bambusröhren aufspüren.

Eine andere, recht große Blattschneiderbiene verdient in diesem Zusammenhang noch besondere Erwähnung, weil es sie aus ihren ursprünglichen Lebensräumen – Waldrändern und Lichtungen insbesondere der Mittelgebirgsregionen – in jüngerer Zeit zunehmend auch in unsere Gärten zieht: die Schwarzbürstige Blattschneiderbiene *(Megachile nigriventris)*. Namensgebend ist die schwarze Bauchbürste der Weibchen, aber auch die kräftige rotbraune Behaarung auf dem mittleren Körperabschnitt ist typisch. Die Männchen haben ähnlich verbreiterte, helle Tarsen wie bei der Garten-Blattschneiderbiene. Die Weibchen nagen Nistgänge in morsches Holz von Baumstämmen und Ästen, aber auch von Balken, Geländern und Pfosten. Sogar Carports oder Möbel wie Gartentische können besiedelt werden. Auch bei dieser Art können mehrere Weibchen denselben Nesteingang benutzen. Die hintereinanderliegenden Brutzellen werden aus Blattstücken verschiedener Pflanzen, oft von Laubbäumen wie Rotbuche, Hainbuche, Ahorn oder Birken, geformt. Innen werden die Blätter miteinander verklebt. Bis zu 15 Brutzellen liegen schließlich in einem Nest.

Zur nahen Verwandtschaft der Blattschneiderbienen zählt auch die Platterbsen-Mörtelbiene (*Megachile ericetorum*). Sie ist durch die durchgehenden hellen, beim Weibchen zunächst bräunlichen Querbinden auf dem Hinterleib leicht zu bestimmen. Die Bauchbürste des Weibchens besteht aus gelben Haaren, die »Vorderfüße« des Männchens sind rotgelb gefärbt und fransig weiß behaart. Die Platterbsen-Mörtelbiene nistet in nahezu allen erdenklichen Hohlräumen. Daher besiedelt auch sie schnell Nisthilfen mit Bohrungen oder Bambusröhrchen. Darin formt sie hintereinanderliegende Nistzellen aus Mörtel und kleidet sie innen mit Harz aus. Die Weibchen sammeln oligolektisch an Schmetterlingsblütlern wie Platterbsen, Hornklee, Wicken, Hauhechel, Erbsen und Bohnen. Als Nektarquellen werden außerdem gern Lippenblütler wie Ziest und Lavendel genutzt, wo die Männchen auch nach Weibchen patrouillieren.

22 Helle Querbinden und eine gelbe Bauchbürste kennzeichnen die Platterbsen-Mörtelbiene *(Megachile ericetorum)*. Hier trinkt ein Weibchen Nektar an Lavendel.

Flauschige Hummelmännchen

Eine bemerkenswerte Sommergeschichte muss über Wildbienen noch erzählt werden: Im Juli und August fliegen neue Hummeln durch unsere Gärten. Sie tragen eine stark ausgeprägte, in vielen Fällen gelb gefärbte Gesichtsbehaarung, wirken insgesamt auffallend bunt, und ihre Fühler erweisen sich bei genauerer Betrachtung als etwas länger und zum Ende hin deutlich gekrümmt. Es sind aber keine

23 Die Männchen der Wiesenhummel *(Bombus pratorum)* erscheinen als Erste im Jahr ab Ende Mai an Himbeerblüten im Garten.

24 Im Juli fliegen Helle Erdhummelmännchen *(Bombus lucorum)* an Lavendelblüten.

25 Steinhummelmännchen *(Bombus lapidarius)* sind konstrastreich bunt gefärbt.

anderen Arten, die jetzt fliegen, sondern – Männchen! Damit zeigt sich, dass die Hummelvölker nun auf dem Höhepunkt ihrer Entwicklung angelangt sind, denn nachdem bislang ausschließlich Arbeiterinnen geschlüpft sind, produzieren die Völker nun neue Jungköniginnen und Männchen, die sich bald paaren. Während alle anderen Hummeln spätestens bei den ersten Frösten sterben, haben die neuen Königinnen dann schon längst geschützte Verstecke aufgesucht, in denen sie den Winter überstehen.

Im Hochsommer sollte man aber im Garten nach den Männchen Ausschau halten. Den Anfang macht im Juni, oft sogar schon Ende Mai die Wiesenhummel *(Bombus pratorum)*. Ihre Männchen wirken besonders flauschig, die gelbe Behaarung ist bei ihnen sehr ausgedehnt. Ebenfalls sehr charakteristisch sind die Männchen der Hellen Erdhummel *(Bombus lucorum)*. Auch sie sind im Gesicht und am »Kragen« ausgedehnt gelb behaart. Zusätzlich weist die dunkle Behaarung vor dem weißen Hinterende bereits weiße Spitzen auf. Dadurch wirken diese Hummeln insgesamt manchmal vollständig hellgraugelb gefärbt. Auch die Männchen der Steinhummel *(Bombus lapidarius)* sind leicht zu identifizieren und deutlich von den Weibchen zu unterscheiden: Gesicht und »Kragen« sind wiederum hellgelb und stehen im hübschen Kontrast zum sonst schwarzen Körper mit dem roten Hinterende.

SAFARI-TIPP

Ein idealer Beobachtungsplatz für Hummeln im Sommer ist blühender Lavendel, den man allein schon aus diesem Grund unbedingt anpflanzen sollte.

Schlusspunkt im Bienenjahr: die Efeu-Seidenbiene

Im September klingt das Bienenjahr aus – jedenfalls gilt das für die meisten Arten. Eine bemerkenswerte Ausnahme gibt es jedoch: Die Flugzeit der

26 Diese Efeu-Seidenbiene *(Colletes hederae)* sammelt Mitte Oktober Pollen und Nektar an Efeu.

Efeu-Seidenbiene *(Colletes hederae)* liegt im September und Oktober, da erst dann ihre Pollenquelle blüht. Efeu *(Hedera helix)* ist in dieser Zeit ein Magnet für zahlreiche Insekten, denn er bietet auf offenem Blütenboden leicht zugänglichen Nektar an. An sonnigen, milden Tagen im Herbst versammeln sich hier Schmetterlinge, Hornissen und viele weitere Wespen, mindestens 20 Schwebfliegenarten, Honigbienen und Hummeln – und die Efeu-Seidenbiene. Sie wurde erst 1993 von Konrad Schmidt

27 Ein Weibchen der Efeu-Seidenbiene ist mit Efeupollen zum Nistplatz zurückgekehrt.

und Paul Westrich neu als Art beschrieben. Das ist für eine Biene in Mitteleuropa, die so groß wie eine Honigbiene ist, sehr ungewöhnlich. In der Jahreszeit der Efeublüte haben viele Menschen, die an Insekten forschen, jedoch bereits ihre Freilandarbeiten eingestellt. Außerdem gibt es mit der Heidekraut-Seidenbiene (*Colletes succinctus*) eine sehr ähnliche – allerdings in ganz anderen Lebensräumen fliegende – Art. An den Nistplätzen legen die Weibchen der Efeu-Seidenbiene oft Dutzende bis Hunderte von Nestern dicht nebeneinander an. Sie wählen dafür äußerst flexibel vegetationsarme Böschungen, Sandspielplätze und sogar dicht bewachsene Rasenflächen aus.

Die Efeu-Seidenbiene ist hübsch gefärbt: Der Thorax ist rotbraun behaart, und den Hinterleib zieren helle Querbinden, die bei frisch geschlüpften Tieren bräunlich sind, aber bald verblassen. Die zierlicheren Männchen schwärmen zu Beginn der Flugzeit an den Nistplätzen, trinken aber auch an Efeublüten Nektar. Die Weibchen sammeln den hellgelben Pollen in ihren Beinbürsten. Zum Zeitpunkt der Erstbeschreibung in den 1990er-Jahren war diese eher südeuropäisch verbreitete Art in Deutschland zunächst nur aus dem äußersten Südwesten bekannt. Seither breitet sie sich stürmisch Richtung Norden und Osten aus. In vielen Regionen Deutschlands zählt sie mittlerweile sogar zu den häufigsten Wildbienen. Es lohnt sich also, an Hauswänden und Mauern, die mit blühendem Efeu bewachsen sind, nach ihr Ausschau zu halten.

Zu Unrecht gefürchtet: Wespen

Grabwespen: Einzelgänger auf Insektenjagd

Grabwespen sind innerhalb der riesigen Insektenordnung der Hautflügler die Schwestergruppe der Bienen, beide Gruppen sind also sehr eng miteinander verwandt. Während Bienen, wie wir gesehen haben, als proteinreiche Nahrungsquelle für ihre Larven Pollen sammeln, tragen Grabwespen zu dem gleichen Zweck andere Insekten in ihre solitär angelegten Nester ein. Und so, wie einige Bienen spezialisiert auf den Pollen bestimmter Pflanzen sind, jagen Grabwespen in den meisten Fällen nur ganz bestimmte Insekten. In der Wahl der Nistplätze gibt es ebenfalls Parallelen, denn einige suchen vorhandene Hohlräume auf und können dabei sogar Wildbienennisthilfen besiedeln, andere graben ihre Nester in sonniger Lage in offenen Sand- oder Lehmboden. Häufig wählen sie unbefestigte Wege, vegetationsfreie Flächen auf Auffahrten oder unter Dachvorsprüngen sowie Fugen zwischen Pflastersteinen oder locker bepflanzte Blumenbeete als Nistplätze aus. Der Aushub aus den Nestern in Form kleiner Sandhügel, manchmal mit einem Eingangsloch versehen, verrät die Grabwespen oft. Zu ihrer eigenen Energieversorgung

1 Ein Bienenwolf-Weibchen *(Philanthus triangulum)* ist mit einer erbeuteten Honigbiene *(Apis mellifera)* am Nistplatz gelandet.

2 Typisch für den Bienenwolf, hier beim Blütenbesuch an Kanadischer Goldrute, sind die dreieckig zugespitzten schwarzen Querbinden auf dem Hinterleib.

besuchen Grabwespen Blüten und trinken dort Nektar. So leben Bienen und Wespen im Garten in friedlicher Nachbarschaft und ignorieren einander dabei weitgehend. Aber es gibt Ausnahmen: Zwei unserer häufigsten Grabwespen haben sich nämlich ausgerechnet auf Bienen als Beute spezialisiert: Bienenwolf *(Philanthus triangulum)* und Bienenjagende Knotenwespe *(Cerceris rybyensis)* begeben sich sogar mitten in der Stadt auf Bienenjagd.

3 Eine Bienenwolf-Goldwespe *(Hedychrum rutilans)* lauert vor dem Nesteingang des Bienenwolfs.

4 Eine Bienenjagende Knotenwespe *(Cerceris rybyensis)* mit einer erbeuteten kleinen Wildbiene.

Bienenjagende Grabwespen

Bienenwölfe sind auf Honigbienen *(Apis mellifera)* spezialisiert, die sie überfallartig auf Blüten erbeuten. Sie lähmen sie augenblicklich mit einem gezielten Stich an die Basis der Vorderbeine. Dann tragen sie ihre Beute fliegend zum Nest – die Biene wird dabei mit der Bauchseite nach oben von den Beinen des Bienenwolfs festgehalten. Das Bienenwolfweibchen drückt der Biene unterwegs oft den Honigmagen aus und leckt die austretenden Tröpfchen auf.

Der Nistgang ist unterirdisch oft mehr als einen Meter lang. An seinem Ende legt das Bienenwolfweibchen nacheinander mehrere Zellen an, die mit den erbeuteten Bienen gefüllt und schließlich mit einem Ei belegt werden. Männliche Bienenwolflarven erhalten nur eine oder zwei Honigbienen als Nahrungsvorrat, weibliche werden mit drei bis fünf Beutetieren versorgt. Ein Nistgang kann letztlich in 3 bis 34 (meist rund 12) Nistzellen münden. Darin entwickeln sich die Larven über ein Puppenstadium bereits innerhalb von vier Wochen zu neuen Bienenwölfen, wenn in warmen Sommern eine zweite Generation erscheint; ansonsten überwintern die Ruhelarven und verpuppen sich erst im Folgejahr.

Bienenwölfe lassen sich nicht nur bei Nestbau und Beuteeintrag leicht beobachten, sondern sind auch häufige Blütenbesucher. Charakteristisch sind die dreieckigen, schwarzen Binden auf dem Hinterleib. Die zierlicheren Männchen tragen ein kleines »Krönchen« auf der Stirn oberhalb der hellen Gesichtsmaske.

Während der Anlage einer neuen Nistzelle lagert das Bienenwolfweibchen die bereits erbeuteten Bienen im Nistgang zwischen. Auf solche Momente wartet offenbar die Bienenwolf-Goldwespe *(Hedychrum rutilans)*. Sie belauert das Geschehen in den Bienenwolf-Kolonien aufmerksam und dringt regelmäßig in die Nistgänge ein. Findet sie eine erbeutete Biene, legt sie daran ein Ei ab – aus der entsprechenden Nistzelle wird später eine Goldwespe statt eines Bienenwolfs schlüpfen. Die Goldwespenlarve frisst die Bienenwolflarve und anschließend die eingetragenen Bienen.

SAFARI-WISSEN

Goldwespen (Chrysididae) werden wegen ihrer schillernden Farben gern als »fliegende Edelsteine« bezeichnet.

Vorwiegend auf kleine Furchen- oder Schmalbienen (Gattungen *Halictus* und *Lasioglossum*) hat es die Bienenjagende Knotenwespe, auch Furchenbienenwolf genannt, abgesehen. Diese charakteristisch schwarz-gelb gemusterte Grabwespe ist leicht daran zu erkennen, dass die gelbe Färbung des dritten Hinterleibssegments am Vorderrand einen halbrunden Ausschnitt aufweist. Wie bei allen Knotenwespen (Gattung *Cerceris*) wirken die Segmente stark

5 Eine Sandknotenwespe *(Cerceris arenaria)* mit ihrer Beute, einem kleinen Rüsselkäfer, im Anflug auf den offenen Nesteingang.

6 Schwere Last: Diese Sandknotenwespe ist mit einem großen Rüsselkäfer in der Nähe ihres Nesteingangs zwischengelandet.

eingeschnürt. Die Weibchen graben einen Gang bis zu 15 Zentimeter lang in sandigen Boden, von dem aus sie bis zu acht Brutzellen anlegen, in die sie die erbeuteten Bienen eintragen.

7 Die Goldwespe *Hedychrum nobile* verfolgt das Geschehen in der Kolonie der Sandknotenwespen und wartet auf einen günstigen Moment zur Eiablage.

Sandknotenwespen jagen Rüsselkäfer

Eine nahe Verwandte der Bienenjagenden Knotenwespe ist die Sandknotenwespe *(Cerceris arenaria)*, ebenfalls eine weitverbreitete und häufige Gartenbewohnerin; ihre Beute besteht aus Rüsselkäfern (Curculionidae), die sie auf Büschen und Bäumen in der Umgebung der Nistplätze findet. Die Nistgänge sind bis zu 30 Zentimeter lang. Von ihnen zweigen am Ende mehrere Seitengänge ab, die zu den Nistzellen führen. In jede Zelle werden 5 bis 12 Rüsselkäfer eingetragen. Da auch die Sandknotenwespe teilweise eine zweite Generation ausbildet, reicht ihre Flugzeit von Juni bis September. Auch diese Grabwespe kann häufig beim Blütenbesuch beobachtet werden. An den Nistplätzen der Sandknotenwespe hält sich wie beim Bienenwolf regelmäßig eine Goldwespe auf, und zwar *Hedychrum nobile*, die hier in ähnlicher Weise Brutparasitismus betreibt.

8 Kurios: Um die direkte Richtung zu ihrem Nest auf der anderen Seite des Hauses einzuhalten, trägt diese Sandwespe ihre Raupe sogar an der Hauswand hinauf.

Sandwespen tragen Raupen durch den Garten

Manchmal wird man im Garten davon überrascht, dass eine lange, schlanke, schwarz-rote Wespe eine ziemlich große Raupe unter dem Körper trägt und auf diese Weise zu Fuß ein Blumenbeet oder die Terrasse überquert. Mit rund 22 Zentimeter

Länge zählt die Gemeine Sandwespe *(Ammophila sabulosa)* zwar zu unseren größten Grabwespen, aber es ist dennoch erstaunlich, wie sie es schafft, ausgewachsene Nachtfalterraupen viele Meter weit zu transportieren. Es lohnt sich sehr, einer solchen Wespe mit ihrer Beute zu folgen und zu beobachten, was nun geschieht: Sie trägt die mit Stichen gelähmte Raupe genau zu dem bereits vorbereiteten Nest. Dieses ist jetzt provisorisch mit Steinchen oder Erde verschlossen. Die Sandwespe legt ihre Beute direkt neben dem Nesteingang ab, öffnet den Nesteingang und schlüpft hinein. Nachdem sie das Nest überprüft hat, schaut sie mit dem Kopf aus dem Eingang, ergreift die Raupe und zieht sie mit dem Kopf voran hinein. Nachdem sie ein Ei an ihr platziert hat, kommt sie aus dem Nest heraus und verschließt den Eingang sorgfältig mit Steinchen und Erdbrocken, die mit dem Kopf festgedrückt werden. Anschließend wird die Erde im gesamten Eingangsbereich glatt gescharrt, damit nichts auf den Nistplatz hindeutet. In der Brutkammer wird bald die Sandwespenlarve schlüpfen und sich über den deponierten Proviant hermachen.

9 Eine Gemeine Sandwespe *(Ammophila sabulosa)* mit einer Raupe am Nesteingang.

10 Nach kurzer Inspektion des Nestes zieht die Sandwespe die Raupe ins Nest hinab.

SAFARI-TIPP

Die lange Flugzeit der Gemeinen Sandwespe währt von Juni bis Oktober. Ausgiebig kann sie in dieser Zeit beim Blütenbesuch an Kräutern wie Thymian, Minze und Oregano beobachtet werden.

11 Auf der Jagd: Eine Kotwespe *(Mellinus arvensis)* pirscht sich an eine Fliege heran, die auf Efeublüten Nektar trinkt.

12 Akrobatische Haltung: In Sekundenbruchteilen lähmt die Kotwespe eine Schmeißfliege mit einem Stich.

13 Zum Flugtransport Richtung Nest dreht die Kotwespe die Fliege auf den Rücken und ergreift sie mit den Mandibeln am Tupfrüssel.

Fliegen im Visier: die Kotwespe

Auf Blüten, die im Spätsommer und Herbst von zahlreichen Fliegen besucht werden, hat eine andere Grabwespe ihr Jagdrevier: die Kotwespe *(Mellinus arvensis)*. Ihr wenig schmeichelhafter Name rührt daher, dass sie Fliegen überall dort nachstellt, wo sich diese bevorzugt aufhalten – eben unter anderem auf Kot. Wie eine Raubkatze schleicht sich die schlanke, schwarz-gelb gezeichnete Grabwespe möglichst nah an eine Nektar trinkende Fliege heran. Dabei spielt es für sie keine erkennbare Rolle, ob es sich um eine Schwebfliege oder eine Schmeißfliege handelt. Auch Bienen oder anderen Wespen nähert sie sich manchmal mit großem Interesse, dreht jedoch sofort ab, wenn sie ihren »Irrtum« bemerkt. Ist sie nah genug, stürzt sich die Kotwespe blitzschnell auf ihre Beute, dreht die Fliege auf den Rücken und setzt einen gezielten Stich in die Bauchseite. Die Fliege ist auf der Stelle gelähmt, wird mit den Kiefern (Mandibeln) am Tupfrüssel gepackt und in die Nähe des Nestes geflogen. Der offene Nesteingang, auf den die Wespe nun das letzte Stück mit der Fliege zu Fuß zusteuert, liegt meist in sandigem Boden an kleinen Böschungen.

Auch Lehmwespen erbeuten Raupen

Auch unter den Faltenwespen (Familie Vespidae) gibt es Arten, die solitär leben und gezielt Jagd auf Schmetterlingsraupen oder andere Insektenlarven machen. Ihren Namen hat die Familie übrigens daher, dass die Flügel in Ruheposition in Längsrichtung gefaltet werden. Solitäre Faltenwespen bezeichnet man auch als Lehmwespen, weil sie ihre Brutzellen aus Lehm mörteln oder zumindest mit Lehm verschließen. Die einzelnen Arten sind schwer voneinander zu unterscheiden. Im Garten ist *Ancistrocerus nigricornis* sehr häufig. Sie nistet in vorhandenen Hohlräumen wie Käferfraßgängen und trägt erbeutete Kleinschmetterlingsraupen in Nisthilfen wie Bohrlöcher oder Bambusröhrchen ein. Sie ist bereits im Mai aktiv. Die gelähmten Raupen transportiert sie fliegend, meist mit einigen Zwischenlandungen. Das Aufsammeln des »Lehms« kann zum Beispiel an Maulwurfshügeln im Garten erfolgen. Mit den Mundwerkzeugen und der Unterseite des Kopfes wird das Erdmaterial dabei rückwärts gegen die eingeknickten Vorderbeine geschoben, das entstandene Klümpchen mit den Mandibeln (Kiefern) ergriffen und zum Nesteingang geflogen.

SAFARI-TIPP

Während der Versorgungsphase der Brutzellen belauert die parasitische Goldwespe *Chrysis ignita* regelmäßig die Nistplätze dieser Lehmwespe und wartet auf ihre Chance, ein Ei darin abzulegen. Daher ist sie auch an Nisthilfen häufig zu beobachten.

Lästige Besucher an der Kaffeetafel: Deutsche und Gemeine Wespe

Die Nähe des Menschen macht mehreren sozial lebenden Arten aus der Familie der Faltenwespen das Leben leichter: In und an Gebäuden gibt es

14 Zwischenlandung: Die Lehmwespe *Ancistrocerus nigricornis* hat eine Kleinschmetterlingsraupe erbeutet und fliegt nun mit der schweren Fracht zu ihrem Nest.

15 Nachdem die Brutzellen in der ausgehöhlten Brombeerranke mit Raupen bestückt und mit Eiern belegt sind, verschließt die Lehmwespe den Nesteingang mit einem Lehmpfropf.

16 Wie so oft lauert auch an den Nistplätzen der Lehmwespe ein Brutparasit: die Goldwespe *Chrysis ignita*.

17 Lust auf Süßes: Erdbeermarmelade zieht die Deutsche Wespe *(Vespula germanica)* magisch an.

18 Diese Königin der Deutschen Wespe hat ihr Nest in der Nische unter einem Treppenaufgang.

19 In der Wabe im noch jungen Nest der Deutschen Wespe wachsen die Larven heran. Die ersten haben ihre Zelle bereits mit einem Deckel zugesponnen und sich verpuppt.

viele geschützte Stellen für ihre Papiernester, und überall lockt reichhaltige Nahrung wie Kuchen, Marmelade und Grillfleisch. Doch nur zwei Arten können uns auf diese Weise lästig werden. Wer sich mit sozialen Wespen näher beschäftigt, kann übrigens meist völlig problemlos mit ihren Nestern leben und erhält außerdem spannende Einblicke in das Leben dieser schützenswerten Insekten. Wenn Wespen am Kaffeetisch auftauchen, handelt es sich stets um die Deutsche oder um die Gemeine Wespe. Sie sind einander sehr ähnlich. Die Deutsche Wespe *(Vespula germanica)* hat meist drei schwarze Flecken auf dem Clypeus, dem Gesichtsschild. Die Gemeine Wespe *(Vespula vulgaris)* zeigt hier in der Regel eine schwarze, ankerförmige Zeichnung. Ihre Nester bauen beide Arten in versteckten, dunklen Winkeln in Gebäuden oder unterirdisch, beispielsweise in verlassenen Mäusenestern. Fast nie findet man sie frei zugänglich, dafür können sie eine enorme Größe erreichen und sich in der Form dem vorhandenen Hohlraum anpassen, wenn sie ihn ganz ausfüllen. Die Wespennester bestehen aus abgenagtem Holz, das mit Speichel versetzt wird. Die Gemeine Wespe wählt dafür morsches Holz aus, weshalb ihre Nester bräunlich sind. Außen ist bei den Nestern beider Arten eine muschelförmige Struktur erkennbar.

SAFARI-TIPP

Wenn Wespen sich Holzfasern für den Nestbau besorgen, ist deutlich ein kratzend-schabendes Geräusch zu vernehmen. Es entsteht, wenn sie mit ihren Mandibeln (Kiefern) die oberste Holzschicht, etwa an einem Balken, abnagen.

Im Frühling arbeitet die Königin zunächst ganz allein: Sie fertigt eine Wabe an, die sie mit einer Papierhülle umgibt. In die Brutzellen der Wabe legt sie Eier, aus denen Larven schlüpfen, die sie mit erbeuteten Insekten füttert. Die Larven entwickeln sich über ein Puppenstadium zu Arbeiterinnen, die der Königin helfen und bald ganz den Nestbau und die Versorgung der Larven übernehmen, während die Königin weiterhin Eier legt. Der Innenraum des Nestes wird durch Umbau der Papierwände stetig vergrößert und die Waben werden in mehreren Etagen angelegt. Im Spätsommer erreicht das Volk eine Stärke von rund 7.000 bis 10.000 Arbeiterinnen. Sie jagen vor allem an Blüten äußerst geschickt, insbesondere Fliegen. Mit Schnitten der kräftigen Kiefer werden sie zerteilt und Stück für Stück zum Nest getragen. Ab Ende September schlüpfen auch Jungköniginnen und Männchen, die sich paaren.

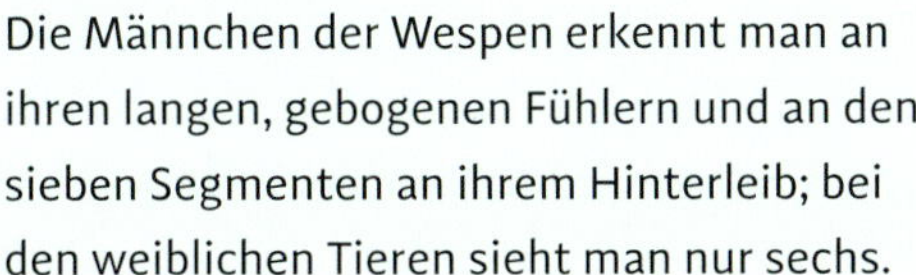

SAFARI-TIPP

Die Männchen der Wespen erkennt man an ihren langen, gebogenen Fühlern und an den sieben Segmenten an ihrem Hinterleib; bei den weiblichen Tieren sieht man nur sechs.

Männchen können nicht stechen. Vor Feinden sind dennoch durch ihre schwarz-gelbe Warnfärbung geschützt. Man kann Männchen im Spätherbst ebenso wie die Arbeiterinnen häufig an blühendem Efeu auf der Nektarsuche finden. Bis Ende Oktober/Anfang November sind die Wespen aktiv. Spätestens mit den ersten Nachtfrösten geht das Volk zugrunde. Nur die Jungköniginnen überwintern in geschützten Verstecken.

20 Die Deutsche Wespe kratzt Holzfasern für den Nestbau von einem Zaunpfahl ab.

21 Wächterinnen sichern den Eingang zu einem unterirdischen Nest der Gemeinen Wespe *(Vespula vulgaris)*.

22 Eine Gemeine Wespe hat eine Schwebfliege (*Eristalis* sp.) auf einer Blüte erbeutet und ist mit ihr zu Boden gestürzt. Hier wird die Fliege nun zerlegt und anschließend im Nest an die Wespenlarven verfüttert.

23 Bereits im Juli erscheinen die großen Jungköniginnen der Sächsischen Wespe auf der Außenhülle des Nestes.

24 Typischer Anblick im Gartenschuppen: ein Nest der Sächsischen Wespe *(Dolichovespula saxonica)*.

25 Arbeiterin (links), Männchen (Mitte) und Jungkönigin (rechts) der Waldwespe *(Dolichovespula sylvestris)* auf der Außenwand eines Vogelnistkastens, in dem das Waldwespenvolk herangewachsen ist.

Friedliche Langkopfwespen

Neben diesen beiden bekannten Arten gibt es aber noch andere Faltenwespen, die sich im menschlichen Umfeld wohlfühlen. Die Papiernester, die in Handball- bis Fußballgröße frei in Büschen sowie in oder an Gebäuden hängen, werden von einigen Arten aus der Gattung der Langkopfwespen *(Dolichovespula)* gebaut. Ihre kräftigen Kiefer setzen nicht wie bei Deutscher und Gemeiner Wespe direkt unter den Augen an, sondern sind von diesen deutlich durch Wangen getrennt. Dadurch erscheint ihr »Gesicht« gestreckter, und sie erreichen den Nektar auch in etwas tieferen Blütenkelchen. Ihre Völker sind außerdem viel kleiner und umfassen stets maximal rund 300 Arbeiterinnen. Sie greifen nur bei direkter Bedrohung an, etwa wenn das Nest berührt oder erschüttert wird. Sofern man nicht die Einflugschneise verstellt und sich ruhig verhält, kann man sie sogar aus der Nähe beobachten.

Ihren Entwicklungszyklus beenden die Völker schon im Juli oder August. Unter Dachvorsprüngen, auf Dachböden und in Gartenschuppen nistet häufig die Sächsische Wespe *(Dolichovespula saxonica)*. Wichtigstes Kennzeichen ist eine schwarze Gesichtszeichnung, die an einen Dreizack erinnert. Ähnliche Orte, besonders gern Vogelnistkästen, wählt die Waldwespe *(Dolichovespula sylvestris)* für den Nestbau aus. Charakteristisch ist ein kleiner schwarzer Punkt mitten auf dem gelben Clypeus (Kopfschild). Nur im Außenbereich von Gebäuden, an Bäumen und in Sträuchern baut die Mittlere Wespe *(Dolichovespula media)* ihre Papiernester. Sie wird auch als kleine Hornisse bezeichnet, weil ihre Königinnen aufgrund ihrer Größe und der rötlichen Färbung Hornissenarbeiterinnen sehr ähnlich sehen. Ihre eigenen Arbeiterinnen sind fast immer sehr dunkel gefärbt. Leider fallen die Nester der ziemlich friedfertigen Langkopfwespen vielfach sinnlosen Zerstörungen zum Opfer, sodass die Mittlere Wespe sogar schon deutlich seltener geworden ist.

SAFARI-TIPP

Wer das Geschehen aufmerksam verfolgt, kann ein besonderes Spektakel an den Nestern miterleben, wenn die Jungköniginnen erscheinen und sich vor dem endgültigen Verlassen des Nestes oft tagelang auf der Außenhülle versammeln. Die Arbeiterinnen lassen jetzt nur noch Männchen und Königinnen schlüpfen – die übrigen Larven werden aus dem Nest geworfen.

26 Typisches Nest der Mittleren Wespe *(Dolichovespula media)* in einem Weidenbusch.

27 Arbeiterinnen der Mittleren Wespe am Nesteingang.

Nützlicher Riese: die Hornisse

Unsere eindrucksvollste Faltenwespe ist die Hornisse (*Vespa crabro*). An ihrer Größe – Arbeiterinnen werden bis 25 Millimeter, Königinnen sogar 35 Millimeter lang – und der teilweise rötlichen Färbung kann man sie gut erkennen. Ihre Nester kann man im Wald vor allem in ehemaligen Spechthöhlen in Baumstämmen finden, aber sie besiedelt ebenso gerne Nistkästen und Dachböden. Zum Nestbau verwenden Hornissen morsches Holz, sodass das Nest ähnlich wie bei der Gemeinen Wespe hellbraun gefärbt ist. Dient ein Vogelnistkasten als Nistplatz, »quillt« das Hornissennest im Spätsommer oft aus ihm heraus. Die Volksstärke bleibt aber stets bei deutlich weniger als 1.000 Arbeiterinnen.

28 Dieses große Hornissennest *(Vespa crabro)* ist über den Vogelnistkasten hinausgewachsen, in dem es angelegt wurde.

Hornissen sind geschützte, friedliche und nützliche Tiere – sie erbeuten unter anderem die kleineren Wespenarten, deren proteinreiche Brustmuskulatur sie an ihre Larven verfüttern.

SAFARI-TIPP

Hat eine Hornisse eine Deutsche oder Gemeine Wespe erbeutet, hängt sie sich mit ihr kopfüber an einer Pflanze in der Nähe auf. Dort trennt sie geschickt Kopf, Hinterleib und Flügel vom Bruststück ab. Aus diesem »Filet« knetet sie nun eine kleine Kugel, die sie zum Nest trägt. Dabei lässt sie sich nicht stören, sodass man dieses Vorgehen leicht aus nächster Nähe beobachten kann.

29 Diese Hornisse hat eine Deutsche Wespe erbeutet. Kopfüber hängend, trennt sie nun Kopf, Beine, Flügel und Hinterleib ab. Die Brustmuskulatur zerkaut sie zu einer handlichen Kugel und fliegt damit zum Nest.

30 Hier werden Hornissenlarven im Nest von Arbeiterinnen gefüttert.

31 Hornissenmännchen können zur Verteidigung bedrohlich brummen, sind aber stachellos. Dieses Männchen wurde vom süßen Saft einer reifen Weintraube angelockt.

Hornissenstiche sind für Menschen nicht gefährlicher als andere Wespenstiche. Nur wenn sich Hornissen am Nest gestört fühlen, können sie aggressiv werden. Man kann sich mit den Nestern gut arrangieren und bis zum Herbst die Entwicklung verfolgen, wenn man einen Sicherheitsabstand von einigen Metern einhält. Ende September/Anfang Oktober schwärmen auch bei den Hornissen Jungköniginnen und Männchen aus. Sobald der erste Frost einsetzt und die Völker sich nicht mehr wehren können, nehmen sehr oft Vögel frei zugängliche Nester auseinander und fressen die letzten Larven. Im Garten fallen Hornissen manchmal durch ein spezielles Verhalten auf, das als »Ringeln« bezeichnet wird: Sie nagen die Rinde rund um Zweige ab, beispielsweise an Flieder, um den austretenden Saft auflecken zu können. Baumsäfte, Nektar und süße Früchte nutzen sie, um den eigenen Energiebedarf zu decken.

Hüllenlos: Feldwespen

Viel kleinere Nester fertigen die Feldwespen der Gattung *Polistes* an. Sie bestehen meist nur aus einer flachen Wabe ohne Hülle. Die Haus-Feldwespe

32 Grüne Augen, gekrümmte Fühlerspitzen: ein Männchen der Haus-Feldwespe.

(Polistes dominula) heftet ihre etwa handtellergroßen Waben in Mitteleuropa sehr oft an die Unterseite von Dachziegeln, aber auch in kleinere Hohlräume wie Eisenrohre. Oft bevölkern so ein Nest im Sommer lediglich 10 oder 20 Arbeiterinnen, es handelt sich also um sehr kleine Völker. Im Mittelmeerraum findet man die Nester häufiger im Freien. Erst vor einigen Jahren ist die wärmeliebende Art bis in den Norden Deutschlands vorgedrungen und auch dort stellenweise sehr häufig geworden. Ihre leuchtend orangenen Fühler und der oft ganz gelbe Clypeus sind charakteristisch. Im Flug sind Feldwespen an den eigentümlich herabhängenden Beinen zu erkennen. Die Augen der Männchen, die meist im September erscheinen, schimmern grünlich.

33 Ein typisches Nest der Haus-Feldwespe *(Polistes dominula)*.

Wespen und Menschen

34 Waldwespen auf einem Vogelnistkasten.

Alle genannten sozialen Faltenwespen kommen regelmäßig in Haus und Garten vor. Ihre Stiche sind nur für Allergiker wirklich gefährlich – und im Mund, weil anschwellende Schleimhäute die Atemwege verschließen können. Deshalb ist beim Umgang mit Speisen und Getränken besondere Vorsicht notwendig, wenn Gemeine und Deutsche Wespe am Tisch aktiv sind. Leider werden immer wieder Menschen bei unvorhergesehenen Begegnungen gestochen und können auch gezielt von Völkern angegriffen werden. Dies geschieht beispielsweise, wenn man mit dem Rasenmäher über den Eingang zu einem unterirdischen Nest fährt oder die Tür eines Gartenschuppens öffnet, an deren Innenseite Wespen ihr Nest gebaut haben. Unglücklicherweise führen die Alarmpheromone, die Arbeiterinnen während eines Stichs freisetzen, die »Kolleginnen« zielgenau zum »Feind«. Hier ist also immer ein ruhiger, aber zügiger Rückzug zu empfehlen. Ist ein Neststandort bekannt, sind solche Situationen durch einen behutsamen Umgang leicht zu vermeiden. Befindet sich das Nest aber an einem Standort, an dem regelmäßige Störungen unvermeidlich sind, kann die oder der nächstgelegene Wespenberater*in kontaktiert werden. Eine fachgerechte Umsiedlung kann dann eine Lösung sein. Übrigens werden »Wespenjahre« in den Massenmedien im Spätsommer immer wieder ein Thema – es gibt also Jahre mit besonders vielen und andere mit auffallend wenigen Wespen. Das liegt in der Regel am Witterungsverlauf. Ist das Frühjahr sehr kalt oder nass, sind viele Nestgründungsversuche im April und Mai erfolglos.

Spektakuläre Fluginsekten

Schwebfliegen

Im Kapitel über die Blütenbesucher und Blattlausräuber am Pfaffenhütchen (ab Seite 35) wurden bereits einige Schwebfliegen vorgestellt, die mit ihrer Färbung an Wespen erinnern und mit dieser Schutzmimikry Fressfeinde abzuschrecken versuchen. Im Laufe des Sommers fliegen viele weitere Schwebfliegenarten als eifrige Blütenbesucher durch den Garten. Ihre Mimikrykünste sind so verblüffend, dass man sogar mit einiger Erfahrung oft zweimal hinschauen muss, um in ihnen eine Fliege zu erkennen. Die Artenvielfalt ist auch in dieser Insektenfamilie so groß, dass man sich ein ganzes Leben lang mit ihnen beschäftigen kann. Wie bei vielen Bienen und Wespen gelingt eine Bestimmung oft nur mit Präparation und speziellen Bestimmungsschlüsseln. Es gibt aber einige große, relativ leicht erkennbare Arten, von denen hier vier vorgestellt werden, die sich dem Erscheinungsbild »Hummel«, »Biene«, »Wespe« und »Hornisse« zuordnen lassen. Anders als die am Pfaffenhütchen vorgestellten Arten ernähren sich ihre Larven nicht von Blattläusen.

1 Paarung im Erdhummel-Look: Narzissenschwebfliegen *(Merodon equestris)*.

Wenn sich im Mai oder Juni ein hummelartiges Insekt mit markantem Brummen auf Blüten oder

2 Diese Farbvariante der Narzissenschwebfliege ähnelt einer Ackerhummel.

3 Die Mistbiene *(Eristalis tenax)*, hier auf Efeublüten, könnte man bei flüchtiger Betrachtung leicht mit einer Honigbiene verwechseln.

Blättern niederlässt, handelt es sich vor allem in Gärten mit prächtigen Osterglocken um die Narzissenschwebfliege *(Merodon equestris)*. Die Art macht sich bei Gärtnern dadurch unbeliebt, dass sich ihre Larven in die Zwiebeln von Narzissen und anderen Zwiebelgewächsen hineinfressen. Die Narzissenschwebfliege tritt in erstaunlicher Vielfalt auf: Das Farbmuster einiger Exemplare ähnelt Ackerhummeln, andere scheinen Erd- oder Steinhummeln mehr oder weniger gut zu imitieren. Sieben Farbvarianten sind bekannt. Die Männchen besetzen Reviere und verfolgen von ihren Sitzwarten aus auch andere vorbeifliegende Insekten.

Die dunkelbraun gefärbte Art *Eristalis tenax* ist unter dem deutschen Namen »Mistbiene« bekannt, weil sich ihre »Rattenschwanzlarven« in fauligem Wasser entwickeln. Die merkwürdige Bezeichnung haben die Larven erhalten, weil sie ihre Sauerstoffversorgung über eine schnorchelartige Verlängerung am Hinterende sicherstellen, die sie bis zur Wasseroberfläche ausfahren können. Sie ernähren sich von verrottendem Pflanzenmaterial. Es gibt mehrere verwandte, sehr ähnliche Arten, von denen die Gemeine Keilfleckschwebfliege *(Eristalis pertinax)* am häufigsten ist. Zur Unterscheidung kann die Fühlerborste dienen, die bei der Mistbiene kahl, bei der Gemeinen Keilfleckschwebfliege gefiedert ist.

SAFARI-TIPP

Da die Mistbienenweibchen überwintern und im Sommerhalbjahr mehrere Generationen gebildet werden, kann man sie an milden Tagen im Prinzip zu jeder Jahreszeit antreffen.

Zu den auffälligsten Schwebfliegen mit schwarzgelber Wespentracht gehört die Totenkopfschwebfliege *(Myathropa florea)*. Auch ihre Larven leben in schlammigem Wasser. Viele Schwebfliegen nutzen im Garten zur Eiablage moderige »Kleinstgewässer«, die sich in Blumentöpfen oder auch in alten Astlöchern an Baumstämmen bilden können. Die Totenkopfschwebfliege hat ihren Namen nach der totenkopfartigen Zeichnung auf dem Thorax (Brustabschnitt) erhalten, die zwar oft nur schemenhaft erkennbar ist, sie aber unverwechselbar macht. Einige zahlreiche weitere große, kräftige Schwebfliegen mit ähnlicher schwarz-gelber Zeichnung kann man häufig im Garten beobachten, vor allem Wespenschwebfliegen (Gattung *Chrysotoxum*) und Sumpfschwebfliegen (Gattung *Helophilus*).

Immer häufiger lässt sich seit einigen Jahren auch unsere größte Schwebfliegenart in ganz Mitteleuropa beobachten: die Hornissenschwebfliege (*Volucella zonaria*), auch Große Waldschwebfliege genannt. Sie wird 22 Millimeter lang, trägt zwei schwarze Querbinden auf dem Hinterleib und ist mit ihrer rötlich gelben Färbung ein überzeugendes Abbild einer Hornisse. Eigentlich ist es eine vorwiegend mediterran verbreitete Art, die im Zuge von Wanderbewegungen gelegentlich im südlichen Mitteleuropa und weiter westlich (zum Beispiel in den Niederlanden) gefunden wurde. Dass es mittlerweile regelmäßige Nachweise sogar in den norddeutschen Bundesländern gibt, deutet darauf hin, dass die zunehmende Erwärmung ihre Ausbreitung nach Norden begünstigt. Die Larven der Hornissenschwebfliege entwickeln sich tatsächlich in Hornissen- und anderen Wespennestern, wo sie sich wohl vorwiegend von Nahrungsresten und toten oder sterbenden Exemplaren ihrer Wirte ernähren.

4 Die Totenkopfschwebfliege *(Myathropa florea)* sieht aus wie eine wehrhafte Wespe.

5 Die Hornissenschwebfliege *(Volucella zonaria)* ist einer Hornisse verblüffend ähnlich.

Skorpionsfliegen

6 Ein Männchen der Skorpionsfliege *Panorpa vulgaris* mit dem spektakulären Kopulationsapparat.

7 Ein Weibchen der Skorpionsfliege *Panorpa vulgaris*.

Auf den Blättern von Büschen sitzen in den Sommermonaten im Garten ziemlich häufig die eigentümlichen Skorpionsfliegen, die zur Ordnung der Schnabelfliegen (Mecoptera) zählen. Auffällig ist der zu einem Rüssel verlängerte vordere Teil des Kopfes, an dessen Spitze beißende Mundwerkzeuge sitzen. Damit werden tote oder geschwächte Insekten gefressen, die manchmal aus Spinnennetzen gestohlen werden. Die Männchen krümmen ihr Hinterleibsende mit dem komplexen, mit Zangen versehenen Paarungsapparat nach oben, sodass es an einen gefährlichen Skorpionsstachel erinnert. Stechen können sie allerdings nicht. Interessant ist ihr Balzverhalten, denn meist werden Weibchen durch Flügelwedeln, Vibrationen, das Aussenden von Pheromonen und das Auswürgen von nahrhaften, eiweißhaltigen Sekretkügelchen zur Paarung motiviert. In Mitteleuropa leben sechs Arten der Gattung *Panorpa*, die man nur bei ganz genauer Betrachtung des Musters von schwarzen Flecken und Binden auf den durchsichtigen Flügeln bestimmen kann.

Kamelhalsfliegen

Einen ähnlich kuriosen Eindruck wie Skorpionsfliegen machen Kamelhalsfliegen. Sie bilden eine wenig bekannte, eigene Insektenordnung (Raphidioptera). Besonders die Art *Xanthostigma xanthostigma* ist weit verbreitet. Ihre Larven jagen unter der Rinde von alten Bäumen zwei bis drei Jahre lang kleine Insekten wie Rindenläuse, bevor sie sich im Frühjahr verpuppen. Im Mai und Juni kann man dann

mit etwas Glück im Garten einer Kamelhalsfliege begegnen. Der »Kamelhals« der zarten Insekten, die etwa elf Millimeter lang werden können und als erwachsene Tiere nur wenige Wochen alt werden, wird von der eigentümlich verlängerten Vorderbrust gebildet.

8 Die Kamelhalsfliege *Xanthostigma xanthostigma* ist im Garten auf einem Himbeerblatt gelandet. Die lange Legeröhre kennzeichnet das Tier als Weibchen.

Florfliegen

Kamelhalsfliegen gehören verwandtschaftlich in die Nähe der Netzflügler (Neuroptera), die so heißen, weil ihre Flügel von einem dichten Adernetz durchzogen sind. Unsere bekanntesten und häufigsten Netzflügler im Garten sind Florfliegen (Chrysopidae). Ihre vorwiegend grüne Farbe und die metallisch schimmernden, bunt irisierenden Augen – Florfliegen nennt man daher auch Goldaugen – sind eindeutige Kennzeichen dieser Familie. Die einzelnen Arten zu bestimmen ist hingegen schon wieder extrem anspruchsvoll, denn dazu muss man sich ganz genau das Muster der Flügeladern und die Kopfzeichnung anschauen. Unsere häufigste »Art«, die Gemeine Florfliege (*Chrysoperla carnea* s.l.) bildet außerdem einen Komplex aus mehreren Arten, die man äußerlich nicht unterscheiden kann.

9 Eine Florfliege mit charakteristischen, in Regenbogenfarben schillernden »Goldaugen«.

10 Eine Larve der Gemeinen Florfliege (*Chrysoperla carnea* s. l.) hat einen kleinen Käfer erbeutet und saugt ihn mit ihren zangenförmigen Kiefern aus.

11 Diese braun verfärbte Gemeine Florfliege sitzt im November innen an einer Fensterscheibe.

Die weißen Eier werden an langen, dünnen Stielen befestigt. Die Larven ernähren sich räuberisch von Blattläusen und anderen kleinen Insekten. Sie sind daher ähnlich wie manche Schwebfliegen- und Marienkäferlarven als biologische Schädlingsbekämpfer beliebt. Die erwachsenen Tiere ernähren sich von Pollen, Nektar und Honigtau und sind auch bei Dunkelheit aktiv. Dann fliegen sie häufig zum Licht. Zur Überwinterung färben sich Gemeine Florfliegen um und nehmen eine bräunliche Farbe an. Sie suchen geschützte Verstecke auf und kommen regelmäßig in Häuser, wo man sie auf Fensterbänken und Dachböden ruhend vorfindet.

Die wundersame Verwandlung der Ameisenlöwen

Im Regenschatten von Dachvorsprüngen, Balkonen, Holzstapeln oder dichtem Gebüsch fallen im Sand oder auch in feinkörniger Erde sorgfältig geformte kreisrunde Trichter auf. Sie wurden von Ameisenlöwen angefertigt, den Larven der Ameisenjungfern, die wie Florfliegen zu den Netzflüglern zählen. Ameisenlöwen haben eine der ausgefeiltesten Jagdtechniken im Tierreich: Sie warten am Grunde ihres Trichters. Früher oder später läuft eine Ameise, ein Käfer oder eine Assel über den Rand des Trichters, kommt ins Rutschen – und ist so gut wie verloren. Unten angekommen, landet sie direkt in den dolchartigen Kiefern des Lauerjägers.

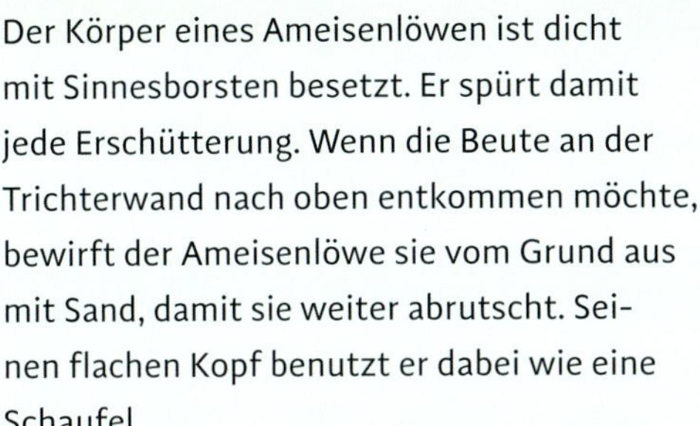

SAFARI-WISSEN

Der Körper eines Ameisenlöwen ist dicht mit Sinnesborsten besetzt. Er spürt damit jede Erschütterung. Wenn die Beute an der Trichterwand nach oben entkommen möchte, bewirft der Ameisenlöwe sie vom Grund aus mit Sand, damit sie weiter abrutscht. Seinen flachen Kopf benutzt er dabei wie eine Schaufel.

Die Mundwerkzeuge der Ameisenlöwen sind höchst speziell gestaltet: Die spitzen Oberkiefer sind zangenartig zueinandergebogen und bilden gemeinsam mit den Unterkiefern ein Saugrohr. In die Beute wird zunächst ein lähmendes Gift injiziert. Dem Gift folgen Verdauungsenzyme, sodass der Ameisenlöwe nun ein bereits vorverdautes Nahrungsgemisch einsaugen kann. Die Körperhüllen der ausgesaugten Opfer werden aus dem Trichter geschleudert.

Die Fortbewegung der Ameisenlöwen erfolgt immer im Rückwärtsgang. So bauen sie auch ihre Trichter. Zuerst wird ein kreisförmiger Graben ausgehoben, der spiralförmig nach innen erweitert und durch Sandauswurf vertieft wird. Es werden stets warme, trockene Standorte gewählt. An geeigneten Plätzen können Trichter in großer Zahl angelegt werden. Allerdings gefährdet die zuneh-

12 Ein ausgegrabener Ameisenlöwe, Larve der Gefleckten Ameisenjungfer *(Euroleon nostras)*.

13 Mit weit geöffneten Kieferklauen wartet der Ameisenlöwe am Grunde seines Trichters auf Beute.

14 Trichter von Ameisenlöwen im Regenschatten einer Thuja-Hecke in einem Vorgarten. Leider wurde dieses Vorkommen kurze Zeit nach der Aufnahme durch das flächendeckende Auftragen von Rindenmulch zerstört.

mende Versiegelung solcher Standorte die gesetzlich geschützten Ameisenlöwen immer mehr. Über drei Larvenstadien entwickeln sich Ameisenlöwen in Mitteleuropa, je nach Nahrungsangebot und Witterungsverlauf im Zeitraum von ein bis drei Jahren, bis sie ausgewachsen sind. Dann spinnen sie einen kugelrunden, mit Sandkörnern überzogenen Kokon, in dem sie sich verpuppen.

15 In einer warmen Julinacht ist diese Gefleckte Ameisenjungfer geschlüpft.

Einige Wochen später, stets an einem Sommerabend, schlüpft die Ameisenjungfer. Mit rund drei Zentimeter langen, zarten Flügeln sieht sie beinahe einer Libelle ähnlich. Ameisenjungfern sind nachtaktiv, ernähren sich ebenfalls räuberisch von Insekten, fliegen gern ans Licht und halten sich tagsüber in der Vegetation verborgen. Nach der Paarung legen die Weibchen Eier im Sand ab, aus denen dann wieder Ameisenlöwen schlüpfen. Bei uns kommen nur zwei Arten etwas häufiger vor: die Gemeine Ameisenjungfer (*Myrmeleon formicarius*) und die Gefleckte Ameisenjungfer (*Euroleon nostras*). Von den weltweit rund 2.000 Arten leben die meisten in den trockenwarmen Regionen Afrikas und Asiens, und nur etwa zehn Prozent der Arten bauen Trichter, um zu jagen.

Großlibellen

Zu den auffälligsten Insekten, denen man vom Sommer bis in den Spätherbst hinein im Garten begegnen kann, zählt die Blaugrüne Mosaikjungfer (*Aeshna cyanea*). Diese Großlibelle vollzieht ihre Larvalentwicklung bevorzugt in fischfreien Kleingewässern, oft in Gartenteichen. Neu angelegte Teiche werden schnell besiedelt. Unabhängig davon fliegt sie weit umher und wählt dabei immer wieder auch Gärten als Jagdreviere aus.

16 Die Männchen der Blaugrünen Mosaikjungfer *(Aeshna cyanea)* vagabundieren im Spätsommer und Herbst weit herum.

17 Die blau bereiften Männchen des Plattbauchs *(Libellula depressa)* sind oft die ersten Hingucker an einem neu angelegten Gewässer.

18 Auch der Vierfleck *(Libellula quadrimaculata)* ist häufig an Gartenteichen zu beobachten.

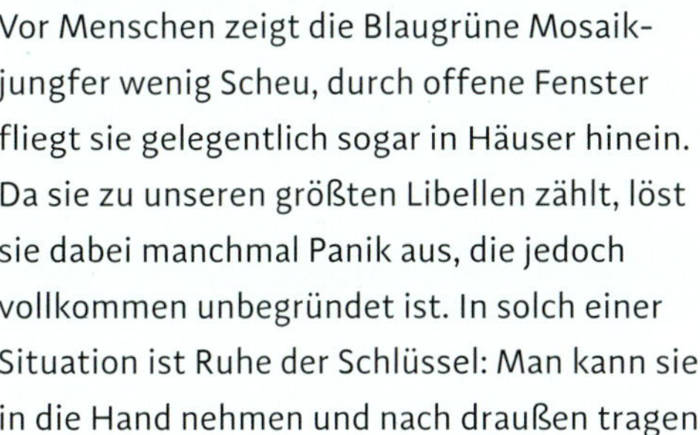

SAFARI-TIPP

Vor Menschen zeigt die Blaugrüne Mosaikjungfer wenig Scheu, durch offene Fenster fliegt sie gelegentlich sogar in Häuser hinein. Da sie zu unseren größten Libellen zählt, löst sie dabei manchmal Panik aus, die jedoch vollkommen unbegründet ist. In solch einer Situation ist Ruhe der Schlüssel: Man kann sie in die Hand nehmen und nach draußen tragen.

Großlibellen sind Insekten der Superlative: Mit ihren riesigen, bis zu 30.000 Einzelaugen umfassenden Komplexaugen nehmen sie ihre Beute, Partner und Rivalen schon aus großer Entfernung wahr. Ihre bedornten Beine bilden im Flug einen Fangkorb, mit dem andere Insekten ergriffen werden. Anders als die zierlichen Kleinlibellen legen Großlibellen ihre Flügel in Ruhehaltung nicht über dem Körper zusammen, sondern halten sie flach ausgebreitet. Vorder- und Hinterflügel können unabhängig voneinander bewegt werden, was die spektakulären Flugmanöver ermöglicht. Der Unterkiefer der Larven, die unter

Wasser leben, ist zu einer Fangmaske umgebildet und kann in nur 20 Millisekunden vorgeschnellt werden, um Beute zu ergreifen. Die ausgewachsenen Larven klettern an Halmen aus dem Wasser. Wenn die Libelle geschlüpft ist, bleibt die trockene Larvenhaut zurück. Libellen können weder beißen noch stechen.

Als eine der ersten Arten an einem neu angelegten Teich findet sich der Plattbauch (*Libellula depressa*) ein. Diese Pionierart mag spärlich bewachsene Kleingewässer und fliegt von Mai bis Juli. Die braun gefärbten Weibchen unterscheiden sich deutlich von den blauen Männchen. Die Paarung währt wenige Sekunden im Flug. Das Weibchen wirft die Eier anschließend dicht über der Wasseroberfläche ab. Nahe verwandt ist der Vierfleck (*Libellula quadrimaculata*), der aber vegetationsreiche Gewässer mit Verlandungszonen bevorzugt. Die territorialen Männchen besetzen erhöhte Sitzwarten auf Uferpflanzen. Die Vierflecklarven leben meist zwei Jahre lang als nachtaktive Lauerjäger am Gewässergrund. Ab Mai verlassen sie das Wasser und klettern einige Zentimeter bis Meter an Uferpflanzen empor.

Die Blutrote Heidelibelle (*Sympetrum sanguineum*) wird erst ab Juli aktiv. Die Rotfärbung der Männchen ist bei hohen Temperaturen besonders kräftig ausgeprägt. Andere Männchen werden von exponierten Sitzwarten aus sehr aggressiv aus dem Revier vertrieben. Blutrote Heidelibellen suchen mit Vorliebe Gewässer mit Verlandungszonen auf. Die Eiablage beginnt anschließend im Tandem, wobei das Weibchen die Eier aus der Luft auf den Boden wirft. Die Eier überwintern an Ort und Stelle und geraten bei steigendem Wasserstand bis zum Frühjahr ins Wasser, wo die Larven schlüpfen können.

19 Die roten Männchen der Heidelibellen, hier eine Blutrote Heidelibelle (*Sympetrum sanguineum*), halten sich von August bis Oktober häufig in Gärten auf. Bei sehr starker Sonneneinstrahlung nehmen sie die »Obeliskstellung« ein.

20 Die »Geburt« eines Vierflecks: Langsam und mit Unterstützung der Schwerkraft zieht sich die noch weichhäutige Libelle aus der braunen Larvenhaut heraus.

Kleinlibellen

Schon ab Ende April schlüpfen Frühe Adonislibellen (*Pyrrhosoma nymphula*) am Ufer des Gartenteichs. Diese grazilen, leuchtend roten Kleinlibellen werden bereits frühmorgens aktiv. Nach der Paarung beginnen sie in Tandems mit der Eiablage. Das Weibchen bohrt die Eier in Stängel von Wasserpflanzen hinein, dabei tauchen beide Partner manchmal vollständig unter. Ab Mai machen sich sehr häufig die hellblauen Männchen und zartgrünen Weibchen der Hufeisen-Azurjungfer (*Coenagrion puella*) in der Ufervegetation bemerkbar.

SAFARI-TIPP

Es ist immer wieder ein besonderes Erlebnis zu beobachten, wie Libellen bei der Paarung ein Rad bilden: Die Männchen ergreifen ihre Partnerin mit den Hinterleibszangen hinter dem Kopf. Beide bilden auf diese Weise ein Tandem. Zwar haben die Männchen ihre Geschlechtsöffnung auch am Hinterleibsende, sie krümmen dieses aber unter dem Körper nach vorn und füllen ihr Sperma in einen sekundären Kopulationsapparat an der Basis ihres Hinterleibs. Dort verankert sich während der Paarung das Weibchen mit seiner Geschlechtsöffnung. Auf diese Weise entsteht das Paarungsrad. Libellen sind in dieser Haltung flugfähig. Oft trennen sie sich nach der Paarung nicht, sondern bleiben – wie hier an einigen Beispielen beschrieben – auch noch während der Eiablage als Tandem zusammen.

21 Paarungsrad der Frühen Adonislibelle (*Pyrrhosoma nymphula*).

22 Paarungsrad der Hufeisen-Azurjungfer (*Coenagrion puella*).

In jedem Winkel ein Netz: Spinnen

Spinnen lieben die vielfältigen Strukturen in Haus und Garten: In Winkeln und Spalten im und am Gebäude, aber auch zwischen Büschen, Gräsern und Kräutern finden sie ihre Verstecke. Viele Insekten werden von der nächtlichen Beleuchtung ans Haus gelockt – Spinnen, die hier ihre Netze strategisch günstig an Außenlaternen oder Fensterrahmen positionieren, leben wie im Schlaraffenland. Auch wer sich vielleicht zunächst vor diesen Tieren gruselt, wird bei genauerer Betrachtung schnell von ihnen fasziniert sein. Mit einer Spinnensafari kann man schon im Haus beginnen.

Spinnen als häusliche Mitbewohner

1 Kein Grund zur Panik: Porträt einer Hausspinne *(Eratigena atrica)*.

Für einige Menschen sind die großen Haus- oder Winkelspinnen *(Eratigena atrica)* gelebte Albträume: kräftige, dunkel gefärbte Tiere mit langen, haarigen Beinen, die unvermittelt hinter vorgezogenen Möbeln sitzen oder – noch schlimmer – plötzlich in der Badewanne herumlaufen. Doch niemand muss sich wirklich vor ihnen fürchten: Sie sind nicht giftig – normalerweise können sie mit ihren Klauen die menschliche Haut gar nicht durchdringen. Diese Spinnen lieben die

Dunkelheit. Wenig beachtete Ecken an und in menschlichen Behausungen bieten ihnen ideale Lebensräume. Meist fertigen sie nah am Boden eine dichte, flache Gespinstdecke an, die sich in einer Ecke zu einer trichterförmigen Wohnröhre verjüngt. Gerät ein Insekt oder beispielsweise eine Assel auf das Netz, nimmt die Spinne die Erschütterung wahr, kommt aus der Wohnröhre heraus, beißt zu und zieht die Beute in ihr Versteck.

Unerwartete Begegnungen mit Hausspinnen finden statt, wenn Tiere nach besseren Jagdgründen suchen. Das geschieht im Herbst häufig, denn sobald es kälter wird, zieht es die Spinnen ins Warme. Dabei stellen Waschbecken, Duschen oder Badewannen Fallen dar, aus denen die Tiere aus eigener Kraft nicht entrinnen können, sodass am nächsten Morgen die Begegnungen mit Menschen unvermeidbar sind. Oft geraten auch Männchen auf der Suche nach Weibchen in diese missliche Lage.

Wer sich in seinen eigenen vier Wänden ein wenig tolerant verhält, akzeptiert in den Ecken unter der Zimmerdecke hoffentlich auch die filigranen Großen Zitterspinnen *(Pholcus phalangioides)* als Mitbewohnerinnen. Sie lauern dort in ihren unordentlichen, kaum erkennbaren Netzen kopfüber auf Beute. Ihr unscheinbar grau gemusterter Körper ist schlank und zylindrisch geformt, die Beine sind extrem lang.

2 Diese Große Zitterspinne *(Pholcus phalangioides)* hat es mühelos geschafft, eine Wespe zu überwältigen.

SAFARI-WISSEN

Fühlt sich eine Zitterspinne bedroht, versetzt sie ihren Körper in Schwingungen, um ihre Umrisse optisch aufzulösen.

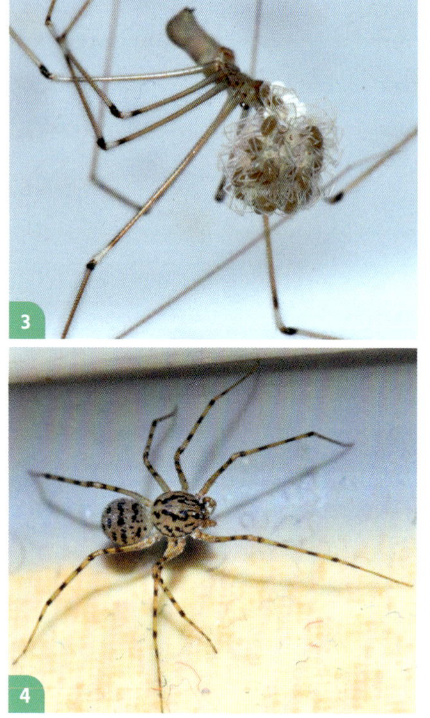

3 Das Zitterspinnenweibchen trägt seine kürzlich geschlüpften Jungen noch umher.

4 Die hübsche Speispinne *(Scytodes thoracica)* auf nächtlichem Streifzug durchs Badezimmer.

Doch so zart, wie sie aussehen, sind Zitterspinnen nicht. Sie sind zwar nicht in der Lage, Menschen zu beißen, aber sie machen beispielsweise mit den viel größeren Hausspinnen ebenso wie mit wehrhaften Wespen kurzen Prozess: Diese werden regelrecht mit Spinnseide beworfen und darin eingewickelt – es gibt kein Entrinnen. Meist begnügen sich Zitterspinnen aber mit Stechmücken und Stubenfliegen, sind also eine wertvolle Hilfe im Kampf gegen Plagegeister. Interessant ist, dass Zitterspinnen untereinander recht verträglich sind: Ihre Netze sind oft miteinander verbunden, und mehrere Weibchen sitzen nah beieinander. Ihren Nachwuchs tragen sie lange in ihren Klauen mit sich herum – zunächst den Kokon mit rund 40 Eiern, dann sogar noch einige Zeit ein Knäuel aus geschlüpften Jungspinnen. Nach wenigen Tagen verteilt sich der Nachwuchs im mütterlichen Netz. Ursprünglich stammen die Zitterspinnen wohl aus Südeuropa, wo sie typische Höhlenbewohner sind. In den »Höhlen« unserer Häuser konnten sie sich also in kühlere Regionen ausbreiten.

Viel heimlicher bewegt sich die Speispinne durch unsere Häuser. Sie ist klein und zierlich, nur 4 bis 6 Millimeter lang. Körper und Beine sind gelblich gefärbt und schwarz gefleckt. Den Vorderkörper ziert eine filigrane, leierförmige Zeichnung. Nachts begibt sich die Speispinne auf die Pirsch. Nimmt sie ein kleines Beutetier war, vielleicht ein Silberfischchen, beschießt sie es mit klebrigem Leim aus ihren umgewandelten Giftdrüsen, sodass es auf dem Boden fixiert wird. So hat sie keine Mühe, ihre Opfer ganz ohne Netz zu überwältigen. Die Speispinne ist eigentlich in wärmeren Gefilden heimisch, lebt beispielsweise im Mittelmeerraum unter Steinen und wird bei uns nur in Gebäuden gefunden.

Auch Springspinnen weben keine Fangnetze. Sie leben aber außen am Haus und werden von der Frühlingssonne hervorgelockt, sind also tagaktiv. Sie jagen auf Sicht: Mit ihren großen, nach vorn gerichteten Frontaugen visieren sie ihre Beute präzise an, schleichen sich wie Raubkatzen heran und springen dann – nicht ohne Sicherheitsfaden – auf sie. Im Garten sind zwei Arten häufig: An Hauswänden lebt die unverwechselbare Zebraspringspinne (*Salticus scenicus*). An Baumstämmen, Holzzäunen, Gartenhäusern und sonstigen Holzverkleidungen kann man zusätzlich die Rindenspringspinne (*Marpissa muscosa*) entdecken, deren Weibchen durch einen cremegelben Querstreifen unter den Augen gekennzeichnet sind. Die Männchen vollführen vorwiegend im Mai den Balztanz vor den Weibchen.

5 Diese Zebraspringspinne *(Salticus scenicus)* hat eine Fliege erbeutet.

6 Eine Holztür ist das Jagdrevier dieser Rindenspringspinne *(Marpissa muscosa)*.

7 Eine Finsterspinne (*Amaurobius* sp.) ruht im Außenbereich einer Haustür.

Nachtaktiv sind wiederum die Finsterspinnen mit mehreren sehr ähnlichen Arten. Vor allem die Art *Amaurobius similis*, im westlichen Mitteleuropa verbreitet, nutzt Spalten im Mauerwerk sowie alle Arten von Fugen und Ritzen im Außenbereich von Fenstern und Türen als Verstecke. Mit ihrem kräu-

8 Eine Gartenkreuzspinne *(Araneus diadematus)* sitzt in charakteristischer Weise auf der Nabe in der Mitte ihres Radnetzes.

seligen Netz überzieht sie das umgebene Mauerwerk oder die Fensterrahmen. Das Netz mündet in einen Trichter, an dessen dunklem Ende die Spinne lauert. Wenn man mit einem Stöckchen an den Fäden rüttelt, lässt sie sich manchmal hervorlocken. Sehr ähnlich und nur durch mikroskopische Untersuchung der Genitalien sicher zu unterscheiden ist *Amaurobius fenestralis*, die eher unter Baumrinde zu finden ist. Die dunkler gefärbte *Amaurobius ferox* lebt gern im Keller.

Beutefang mit Radnetzen

Im Spätsommer sind viele Spinnen im Garten ausgewachsen, bauen formvollendete Netze und sorgen für Nachwuchs. Von nun an lassen sich bis zu den ersten strengen Frösten Beobachtungen zu Beutefang und Fortpflanzungsverhalten machen. Unsere bekannteste Art ist die überall häufige Gartenkreuzspinne *(Araneus diadematus)*. Das Kreuz auf dem Hinterkörper setzt sich aus mehreren weißen Flecken zusammen und liegt inmitten einer blattförmigen Struktur. Ihr großes Radnetz baut die Spinne zwischen Büschen, quer über Wege, unter Dachvorsprüngen oder direkt vor dem Fenster. Auch wehrhafte Insekten wie Wespen kann sie mit ihrem Biss überwältigen und blitzschnell in weiße Spinnseide einhüllen.

9 Ein Männchen (rechts) einer Herbstspinne *(Metellina segmentata)* bietet einem Weibchen ein Brautgeschenk an.

Kleinere, meist schräg ausgerichtete Radnetze in der Gartenvegetation sind das Werk der Herbstspinne *(Metellina segmentata)*. Am Rand eines Netzes halten sich häufig mehrere Männchen auf. Gerät ein Beutetier ins Netz, wird es eilig von einem Männchen eingesponnen und dem Weibchen als Brautgeschenk präsentiert in der Hoffnung, dass es sich anschließend mit Zupfsignalen zur Paarung verleiten lässt. Als Kopulationsorgane dienen die auffällig verdickten Taster, Pedipalpen genannt, in die sie vor der Paarung ihr Sperma von ihrer Hinterleibsöffnung aufnehmen und mit denen sie es bei der Begattung in die Geschlechtsöffnung des Weibchens übertragen.

SAFARI-TIPP

Es ist immer spannend, das Werbeverhalten kleiner Spinnenmännchen zu beobachten. Für männliche Spinnen ist es sehr wichtig, ihre auserwählten Partnerinnen mit Geschenken, Zupfsignalen oder Balztänzen zu »besänftigen«, um nicht selbst zur Beute zu werden. Auch nach der Paarung müssen sie rechtzeitig das Weite suchen, was nicht immer gelingt.

Unter loser Baumrinde, aber noch häufiger in Fugen und Ritzen an Häusern, Zäunen und Klettergerüsten hat die Spaltenkreuzspinne *(Nuctenea umbratica)* ihre Schlupfwinkel. Nachts hält sie sich auf der Nabe ihres großen Radnetzes auf. Ein stark abgeflachter Körper, eine undeutliche Blattzeichnung auf dem Hinterleib und geringelte Beine sind die Kennzeichen dieser weitverbreiteten Art.

Die wärmeliebende Sektorspinne *(Zygiella x-notata)* errichtet ihr Radnetz am liebsten direkt am Haus: in Mauerwinkeln, unter Lampen und Vorsprüngen. Diese hellbraun gemusterte Art mit der mittig aufgehellten Blattzeichnung auf dem Hinterleib ist bereits an der Gestalt ihres Netzes zu erkennen: Von der Nabe führt ein Signalfaden zum Schlupfwinkel, in dem sich die Sektorspinne tags-

10 Die Spaltenkreuzspinne *(Nuctenea umbratica)* verbirgt sich tagsüber in Spalten und kommt erst nachts zum Vorschein.

11 Im unteren Teil ihres Netzes hat die Sektorspinne *(Zygiella x-notata)* eine Fliege erbeutet. Der Signalfaden führt nach oben zum Schlupfwinkel, rechts und links davon ist der ausgesparte Netzsektor erkennbar.

über verbirgt. Links und rechts von diesem Faden fehlt in charakteristischer Weise ein Sektor im Netz. Nach Einbruch der Dunkelheit wartet die Spinne im Netzzentrum auf Beute.

Weberknechte aus dem Süden

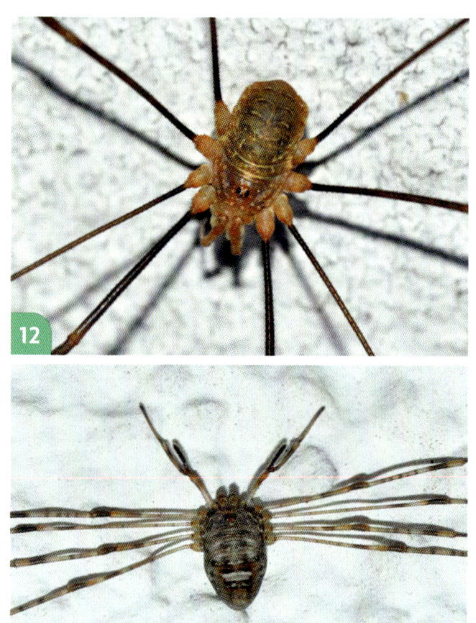

12 Ein männlicher Apenninenkanker *(Opilio canestrinii)* an einer Hauswand.

13 Die lang gegabelten Pedipalpen (Taster) und die gebündelt zur Seite abgestreckten Beine sind typisch für den Streckfuß *(Dicranopalpus ramosus)*.

Weberknechte (Opiliones) sind eine von den Webspinnen (Araneae) deutlich unterscheidbare Ordnung der Spinnentiere. Der Körper der Spinnen ist in Vorder- und Hinterkörper gegliedert, bei den Weberknechten ist nur eine kompakte Einheit erkennbar. Sie besitzen aber in den meisten Fällen sehr lange, dünne Beine. Oft werden sie erst in der Dunkelheit aktiv, während sie tagsüber gut getarnt an Baumrinde ruhen. An der Hauswand funktioniert die Tarnung nicht – hier ist inzwischen ein Neubürger aus dem Süden allgegenwärtig: der Apenninenkanker *(Opilio canestrinii)*. Den heimischen *Opilio parietinus* hat er in den vergangenen Jahrzehnten aus diesem Lebensraum weitgehend verdrängt. Der langbeinige Apenninenkanker ist recht kontrastreich gefärbt, vor allem der rötliche Körper der Männchen hebt sich hübsch gegen die dunklen Beine ab.

Der Handel mit Pflanzen ermöglicht auch diesen flugunfähigen Tieren eine schnelle Ausbreitung – wie wohl gegenwärtig dem Streckfuß *(Dicranopalpus ramosus)*, der vom westlichen Mittelmeerraum aus das gesamte westliche Mitteleuropa besiedelt hat: In den Niederlanden wurde er erstmals 1993 nachgewiesen, in Deutschland 2002, in Dänemark 2007. Er ist mittlerweile ein sehr häufiger Gartenbewohner und lebt an Bäumen und Büschen. Im Herbst kann er zahlreich an Hauswänden gefunden werden.

Im Reich von Asseln und Tausendfüßern

Unter Steinen, Brettern und Blumentöpfen erschließt sich im Garten ein eigener Kosmos: Schaut man darunter, laufen viele Tiere hektisch in Richtung der nächsten Schlupfwinkel. Sowohl Substratzersetzer als auch Räuber sind hier zu Hause und werden in der Nacht aktiv. Neben einigen Käfern, Würmern, Spinnen und Schnecken dominieren Asseln (Isopoda) und Tausendfüßer (Myriapoda) in diesen Bodenlebensräumen. Sie zeigen höchst spannende Anpassungen an ihre spezialisierte Lebensweise.

Asseln und Asseljäger

Asseln sind Krebstiere (Crustacea) und haben mit mehreren Arten das Land erobert. Das größte Feuchtigkeitsbedürfnis der häufigen Gartenasseln hat die Mauerassel (*Oniscus asellus*). Sie zeigt einen breiten, abgeflachten Körper mit glänzender Oberfläche. Die Antennengeißel – das ist das äußerste »Segment« der langen Antennen – ist dreigliedrig; dies ist ein wichtiges Unterscheidungsmerkmal gegenüber der Kellerassel.

1 Flach und glänzend – daran erkennt man die Mauerassel (*Oniscus asellus*).

2 Kellerasseln *(Porcellio scaber)* lieben es gesellig.

3 Im Schutze der Nacht laufen Rollasseln (*Armadillidium* sp.) oft an Hauswänden hinauf.

Als »Relikt« aus dem Wasserleben führen Asseln ein Wasserleitungssystem mit sich, das am Vorderkörper aus dem eigenen Harn gespeist wird. Während Ammoniak aus dem Harn in die Luft entweicht, wird Sauerstoff aufgenommen und den Kiemen an den Pleopoden – das sind die Extremitäten der schmalen Segmente des Hinterleibs (Pleon) – zugeführt.

SAFARI-TIPP

Asseln bevorzugen meist feuchte, dunkle Orte, um sich vor Austrocknung zu schützen. Im Garten findet man sie eigentlich immer, wenn man Holz oder Steine anhebt. Auch in feuchte Kellerräume kommen sie gern.

Die Kellerassel (*Porcellio scaber*) erscheint matt, ihre Körperoberfläche ist grob gekörnt, die Antennengeißel zweigliedrig. Die körnigen Oberflächenstrukturen der Asseln verhindern, dass feuchte Pflanzenteile an den Tieren festkleben. Kellerasseln haben in Ergänzung zur Kiemenatmung an den beiden vorderen Pleopodenpaaren Tracheenlungen zur Luftatmung entwickelt, die als »weiße Körper« erkennbar sind. Sie zeigen damit eine weitergehende Anpassung an das Landleben. Noch stärker in trockene Lebensräume sind die Rollasseln der Gattung *Armadillidium* vorgedrungen. Fühlen sie sich bedroht, können sie den hoch aufgewölbten Körper zu einer Kugel zusammenrollen.

Im Garten findet man Mauer-, Keller- und Rollasseln oft in Massen miteinander vergesellschaftet. Nachts laufen sie vereinzelt an Hauswänden empor. Die zahlreichen Eier werden in den Marsupien, den

Bruträumen auf der Bauchseite, ausgetragen. Asseln liefern mit ihren beißenden Mundwerkzeugen einen wichtigen Beitrag zur Humusbildung, denn sie zersetzen das Laub am Boden.

Mit ihren harten Außenpanzern, in die sie sich einrollen oder mit denen sie sich platt auf den Boden drücken können, schützen sich Asseln gegen Fressfeinde. Allerdings gibt es spezialisierte Gegner, die sich davon nicht abhalten lassen: Spinnen aus der Gattung *Dysdera*, die daher auch »Asseljäger« genannt werden. Der Große Asseljäger *(Dysdera crocata)* hat Chelizeren (Kieferklauen), die fast so lang wie sein Vorderkörper sind. Mit ihnen kann er um die Panzerplatten greifen und sein Gift in die Asseln injizieren.

4 Eingerollt – so können Rollasseln lange ausharren, bis die Gefahr vorüber ist.

5 Der Große Asseljäger *(Dysdera crocata)* neben seiner Beute, einer Mauerassel. Allerdings liegt hier nur noch die leere Hülle – die Assel wurde längst ausgesaugt.

SAFARI-TIPP

Asseljäger sind sehr eindrucksvolle Spinnen, die man unter Steinen finden kann, wo sie in einem Gespinstsack ruhen. Der Große Asseljäger liebt wärmere Standorte und kommt daher bevorzugt in oder an Gebäuden vor. Man sollte ihn nicht anfassen, denn die kräftigen Kieferklauen können die menschliche Haut leicht durchdringen. Ein Biss schmerzt, ist aber ungefährlich.

Doppel- und Hundertfüßer

An der Humusbildung beteiligen sich neben Asseln auch die Doppelfüßer (Diplopoda), die zu den Tausendfüßern zählen. Der Körper der Doppelfüßer ist aus festen Rumpfringen aufgebaut, die als

6 Nachts verlassen die Schnurfüßer ihre Verstecke.

7 Unter einem Schirmständer hielt sich dieser Bandfüßer verborgen.

8 Nächtlicher Jäger: Flink und wehrhaft ist der Gemeine Steinläufer *(Lithobius forficatus)*.

Doppelsegmente jeweils zwei Beinpaare tragen. Die glänzenden, lang gestreckten Schnurfüßer (Familie Julidae) sind sehr häufig, doch ist die Bestimmung der über 50 mitteleuropäischen Arten äußerst schwierig und oft nur mithilfe der männlichen Gonopoden (zur Spermaübertragung umgewandelte Extremitäten) möglich. Schnurfüßer leben nicht nur oberflächennah, sondern graben auch Gänge in die Erde hinein. Daran ist ihr stabiler, kreisrunder Körper mit dem rammbockartigen Kopf hervorragend angepasst. Die Rumpfringe der Bandfüßer (Polydesmidae) sind hingegen oberseits flügelartig verbreitert. Dadurch können sich die Tiere keilförmig zwischen Blätter und unter Steine schieben.

SAFARI-WISSEN

Angesichts der Bezeichnungen Tausend- und Hundertfüßer kommt man auf den Gedanken, die Füße zu zählen. Tausend Füße? Nicht ganz: Schnurfüßer können etwa 50 Rumpfringe aufweisen. Bei zwei Beinpaaren pro Rumpfring kommen sie also auf rund 200 »Füße«. Der Steinläufer als Vertreter der Hundertfüßer besitzt 15 Laufbeinpaare, also 30 »Füße«. Mit ihnen rennt er aber geradezu beängstigend schnell, wenn man ihn aufschreckt.

Einen charakteristisch abgeflachten Körper hat auch der Gemeine Steinläufer *(Lithobius forficatus)*. Er ist der wohl bekannteste Vertreter der Hundertfüßer (Chilopoda) und mit seinen kräftigen Beinen äußerst beweglich. Bei Hundertfüßern ist das erste Laufbeinpaar zu großen, dolchartigen Kieferfüßen mit Giftdrüse umgestaltet. Damit wird die Beute rasch überwältigt. Steinläufer können schmerzhaft zubeißen, wenn man sie in die Hand nimmt – allerdings bevorzugen sie stets die schnelle Flucht. Auf ihren nächtlichen Raubzügen dringen sie gelegentlich auch in Häuser ein.

Überraschung: die Kinderstube der Ohrwürmer

Viele Insektenarten halten sich tagsüber ebenfalls in dunklen Verstecken verborgen. Ohrwürmer beispielsweise kennt schon jedes Kind. Sie sind durch zangenförmige Körperanhänge, umgewandelte Cerci, gekennzeichnet. Diese Zangen sind wahre Multifunktionsgeräte: Sie dienen zur Verteidigung, zum Ergreifen der Beute, helfen beim Entfalten der unter den Flügeldecken weitgehend verborgenen Hinterflügel und bei der Paarung, für die das Männchen den Hinterleib des Weibchens anhebt. Sehr häufig am Haus und im Garten ist der Gemeine Ohrwurm *(Forficula auricularia)*. Er wird als Nützling sehr geschätzt, weil er sich unter anderem von Blattläusen und Spinnmilben ernährt. Da er aber auch pflanzliche Nahrung zu sich nimmt, wird er bei massenhaftem Auftreten etwa an Weintrauben sogar schädlich. Ohrwürmer verstecken sich tagsüber in Ritzen und Spalten und sind bei Dunkelheit aktiv. Im Sommer und Herbst ist Paarungszeit. Die Weibchen betreiben Brutpflege, belecken das Gelege und füttern im Frühling die jungen Larven. In dieser Zeit kann es passieren, dass man auf der Suche nach dem geheimen Leben unter Steinen und Blumentöpfen unvermittelt auf eine ganze Ohrwurmfamilie trifft.

9 Brutpflege: ein Weibchen des Gemeinen Ohrwurms *(Forficula auricularia)* mit seiner »Kinderschar«.

Schnecken: mit oder ohne Haus

Schnecken können in strukturreichen Gärten mit Büschen, Bäumen, Rasenflächen und Mauern in großer Zahl auftreten. Mehrere Arten zählen zu den charakteristischen Vertretern der Tierwelt in der Siedlungslandschaft. Bei feuchtem Wetter oder in der Nacht werden sie aktiv. Einige machen sich als berüchtigte Schädlinge über Nutz- und Zierpflanzen her, andere sind als deren Gegenspieler sogar sehr nützlich.

Das Liebesspiel der Weinbergschnecken

1 Zwei Weinbergschnecken *(Helix pomatia)* beim Liebesspiel.

Unsere größte Gehäuseschnecke ist die Weinbergschnecke *(Helix pomatia)*. Sie ist in kalkreichen Regionen häufig, fehlt hingegen in kalkarmen Sandgebieten – was naheliegend ist, da sie zur Bildung ihres großen Hauses hinreichend Kalk benötigt. Im Frühling ist Paarungszeit, die meist im Mai die Möglichkeit eröffnet, das spektakuläre Liebesspiel der Weinbergschnecken zu verfolgen. Wenn zwei Schnecken mithilfe von Lockstoffen zueinandergefunden haben, kriechen sie mit den Sohlen aneinander hoch und stimulieren sich gegenseitig manchmal stundenlang mit Bewegungen, die mit einiger Fantasie an Umarmungen und Küsse erinnern. Zum Paarungsapparat gehört auch ein Pfeilsack, aus dem ein kalkiger Liebespfeil in den Fuß der Partnerschnecke gerammt werden kann. Da es sich bei diesen Tieren um

Zwitter handelt, kann jedes ein Samenpaket auf das andere übertragen. Rund einen Monat später erfolgt die Eiablage. Dazu gräbt eine Weinbergschnecke ein Loch, in das sie etwa 50 Eier legt. Damit ist sie allerdings ungefähr einen ganzen Tag lang beschäftigt – bei Schnecken braucht alles seine Zeit.

Weinbergschnecken ernähren sich gern von welken Pflanzenteilen, die sie mit ihrer Raspelzunge zerlegen. Sie sind schnell zur Stelle, wenn nach dem Rasenmähen geschnittenes Gras liegen bleibt. Schädlich werden sie im Garten nicht. Zur Überwinterung graben sie sich eine Erdhöhle und verschließen ihr Haus mit einem dicken Kalkdeckel. Um die kalte Jahreszeit zu überstehen, scheiden sie Wasser aus dem Körper aus und fahren den Stoffwechsel stark herunter.

2 Im Winter verschließen Weinbergschnecken ihr Haus fest mit einem Kalkdeckel.

SAFARI-TIPP

Wenn sie im Frühling aus der Winterstarre erwachen, stoßen Weinbergschnecken ihren Kalkdeckel ab und müssen zügig Nahrung und Wasser aufnehmen. Der weiße Deckel bleibt zurück und kann häufig bei der Gartenarbeit gefunden werden.

Die Variabilität der Bänderschnecken

Zur gleichen Familie wie die Weinbergschnecke, nämlich den Schnirkelschnecken, gehören zwei mittelgroße Schneckenarten, die einander sehr ähnlich und allgegenwärtige Gartenbewohner sind: die Hainschnirkelschnecke oder Schwarzmündige

3 Das Haus der Schwarzmündigen Bänderschnecke *(Cepaea nemoralis)* zeigt einen dunklen Mündungsrand und wirkt im Vergleich meist etwas größer und stabiler …

Bänderschnecke (*Cepaea nemoralis*) und die Gartenschnirkelschnecke oder Weißmündige Bänderschnecke (*Cepaea hortensis*). Die Namen deuten bereits darauf hin, dass die Färbung des Mündungsrandes ein wichtiges Unterscheidungsmerkmal ist, aber es ist nicht in allen Fällen zuverlässig. Die bunten Häuser dieser beiden Arten faszinieren durch ihre schier unglaubliche Variabilität hinsichtlich Färbung und Zeichnung: Sie können hellgelb, rosa oder rotbraun gefärbt sein – mit allen Nuancen in den Zwischentönen – und bis zu fünf braune Spiralbänder tragen. Manchmal ist nur ein Band ausgebildet, manchmal sind es drei, oder sie fehlen ganz. Die Singdrossel als wichtigster Fressfeind ist daran nicht ganz unschuldig: Durch ein Suchschema bevorzugt sie ein bestimmtes Muster der höchst variabel gezeichneten Schnecken und beeinflusst damit die Häufigkeitsverteilung der verschiedenen Zeichnungsformen.

4 ... als das Haus der Weißmündigen Bänderschnecke *(Cepaea hortensis)* – hier ein ziemlich buntes Exemplar.

5 Hier paaren sich zwei Baumschnirkelschnecken *(Arianta arbustorum)*.

6 Die Gefleckte Schüsselschnecke *(Discus rotundatus)* kann man unter Steinen entdecken.

SAFARI-TIPP

Mit der Taschenlampe kann man die nachtaktiven Schnecken im Garten gut beobachten. Bei großer Trockenheit suchen viele Gehäuseschnecken einen erhöhten Platz an Pflanzen auf und können hier tage- oder sogar wochenlang in Trockenstarre verfallen.

Die Gefleckte oder Baumschnirkelschnecke (*Arianta arbustorum*) trägt ein ähnlich großes und ebenfalls recht hübsches Haus: Es hat eine braune Farbe mit einer Maserung aus helleren und sehr dunklen Flecken und einem teils undeutlichen dunklen Spiralband. Typisch ist ihr schwarzer Körper. Diese Art bevorzugt eine gehölzreiche Gartenlandschaft.

7 Der Körper der Großen Glanzschnecke *(Oxychilus draparnaudi)* weist eine faszinierende Blaufärbung auf.

8 Hilfreich: Eine Große Glanzschnecke verspeist Eier der Spanischen Wegschnecke.

Unter Steinen, Brettern und in der Bodenstreu tritt die Gefleckte Schüsselschnecke *(Discus rotundatus)* als sehr häufige Gartenbewohnerin in Erscheinung. Ihr flaches Haus ist nur bis zu sieben Milimeter breit und durch kräftige Rippen gekennzeichnet. Außerdem zeigt sie ein mehr oder weniger deutliches, schachbrettartiges Hell-Dunkel-Muster. Im gleichen Lebensraum kann man die Große Glanzschnecke *(Oxychilus draparnaudi)* antreffen, die durch einen kobaltblau gefärbten Körper besticht. Aus dem Westen und Südwesten Europas wurde sie durch Verschleppung über Gewächshäuser weit verbreitet. Sie erbeutet junge Gehäuse- und Nacktschnecken und macht sich dadurch nützlich, dass sie sich auch über die Gelege der Spanischen Wegschnecke hermacht, die als Schädling gilt.

Schädliche und nützliche Nacktschnecken

Die Spanische Wegschnecke *(Arion vulgaris)* ist von allen Schnecken der bedeutendste Schädling an Nutzpflanzen in Gärten. Lange Zeit ging man davon aus, dass sie sich von der Iberischen Halbinsel aus – begünstigt durch menschliche Transporte – seit

9 Die Spanische Wegschnecke *(Arion vulgaris)* dürfte an der Spitze der unbeliebtesten Gartentiere stehen. In der Färbung ist sie sehr variabel.

10 Der hübsch gezeichnete Tigerschnegel *(Limax maximus)* gehört zu den wenigen Nacktschnecken mit hohen Sympathiewerten.

11 Unter Steinen, Brettern und Folien kann man die durchsichtigen Gelege des Tigerschnegels entdecken – manchmal direkt neben weißen Wegschneckengelegen.

den 1950er-Jahren in Europa ausbreitet. Um 1970 begann ihr Siegeszug auch durch Deutschland. Hier hat sie nach explosionsartiger Vermehrung andere Arten wie die sehr ähnliche Rote Wegschnecke *(Arion rufus)* nahezu vollständig aus dem menschlichen Siedlungsraum verdrängt. Besonders nach milden Wintern und in feuchten Sommern kann es immer wieder zu Massenvermehrungen kommen. Genetische Untersuchungen haben mittlerweile gezeigt, dass die Art nicht aus Spanien stammt. Der Ursprung ihrer invasiven Ausbreitung ist bislang nicht eindeutig rekonstruierbar, er scheint aber irgendwo im westlichen Europa zu liegen.

Als hilfreich im Kampf gegen die Spanische Wegschnecke gilt der Tigerschnegel *(Limax maximus)*, der neben pflanzlichen Abfällen, Pilzen und Aas andere Nachtschnecken frisst. Auch seine Heimat liegt wohl in West- und Südeuropa. Der bis zu 20 Zentimeter lange Kulturfolger mit dem unverwechselbaren Flecken- und Streifenmuster taucht gelegentlich in feuchten Kellern auf. Besonders spektakulär ist das Paarungsverhalten, bei dem sich beide Partner gemeinsam an einem Schleimfaden von einer Unterlage, beispielsweise einer überstehenden Steinkante, abseilen. Die bis zu 200 Eier eines Geleges sind nahezu glasklar und durchsichtig.

Gut getarnt: Heuschrecken

Im Spätsommer und Herbst liegt die Zeit der Heuschrecken. Als Larven sind sie zwar schon im Frühling aus den Eiern geschlüpft, aber erst ab Mitte Juli wird es plötzlich laut im Garten: Nach ihrer letzten Häutung sind die Heupferde erwachsen und beginnen nun mit ihren regelmäßigen Konzerten. Je kühler es zum Herbst hin in der Nacht wird, desto mehr zieht es so manche Schrecke durch ein offenes Fenster auch ins Haus ...

Auf wiesenartigen Rasenflächen ertönt manchmal auch der kratzige Gesang verschiedener kleiner Feldheuschrecken, aber viel auffälliger sind im Garten die hier vorgestellten Laubheuschrecken.

Heupferd und Strauchschrecke: unsichtbare Sänger

Langfühlerschrecken bilden eine Unterordnung der Heuschrecken, die unter anderem dadurch gekennzeichnet ist, dass die Fühler in den meisten Fällen mindestens so lang wie der Körper sind. Mit diesen beweglichen Antennen können sie sich auch bei Dunkelheit hervorragend orientieren – in warmen Nächten werden sie erst so richtig aktiv. Das Grüne Heupferd *(Tettigonia viridissima)* zählt zu den Riesen der heimischen Insektenwelt. Seine Körperlänge kann 42 Millimeter erreichen. Dazu kommt beim Weibchen eine Legeröhre von fast 30 Millimeter Länge. Damit werden die Eier im Boden abgelegt.

1 Dieses Weibchen des Grünen Heupferds *(Tettigonia viridissima)* hofft, dass seine Tarnung wirkt.

SAFARI-TIPP

Männchen und Weibchen sind bei allen Langfühlerschrecken leicht zu unterscheiden. Die Form der weiblichen Legeröhre kann in vielen Fällen sogar bei der Artbestimmung helfen – ihre Länge und ihre Krümmung sind stets charakteristisch. Die Männchen tragen am Hinterende zwei kürzere seitliche Anhänge, die als »Cerci« bezeichnet werden. Sie dienen manchmal als Klammerorgane bei der Paarung.

2 Nur selten zeigt sich die Gewöhnliche Strauchschrecke *(Pholidoptera griseoaptera)* so frei sichtbar wie dieses Männchen, das offenbar die wärmende Abendsonne genießt.

Grüne Heupferde sind optisch hervorragend an ihre Umgebung angepasst, was der Artname *viridissima* treffend ausdrückt – der Superlativ von *viridis*, lateinisch für grün, also gewissermaßen »grüner geht es nicht«. Die Männchen erzeugen durch das Aneinanderreiben ihrer Vorderflügel einen Werbegesang, den man bis zu 150 Meter weit hören kann. Als Singwarten nutzen sie Büsche oder Stauden. Wenn man das scharfe Rascheln hört und sich dem Ort dieses Gesanges nähert, sieht man das Tier oft auch dann nicht, wenn man direkt davorsteht. Die Farbe und die blattförmige Gestalt können Heupferde tatsächlich nahezu unsichtbar machen. Der Gesang setzt meist schon am Nachmittag ein, legt aber an Intensität und Dauer nach Einbruch der Dunkelheit deutlich zu. An warmen Sommerabenden können nahezu alle Vorgärten einer Gartensiedlung von singenden Männchen besetzt sein. Heupferde können gut fliegen. Sie ernähren sich vorwiegend von anderen Insekten wie Fliegen und Raupen. Ihre Aktivität hält bis September oder Oktober an.

Noch ein »Gesang« lässt sich in vielen Gärten vernehmen, besonders aus dem Inneren dichter

Hecken heraus: In größerem Abstand erklingen sogar noch an neblig-trüben Novemberabenden mäßig laute, kurze, scharfe Töne. Es erfordert oft eine mühsame Suche tief zwischen den Zweigen, um den Urheber zu entdecken – die Gewöhnliche Strauchschrecke *(Pholidoptera griseoaptera)*. Sie kann sich mit ihrer graubraunen Färbung ebenfalls nahezu unsichtbar machen, besitzt aber nur ganz kurze, bei Weibchen sogar zu winzigen Schuppen reduzierte Flügel und ist damit flugunfähig. Heupferd und Strauchschrecke sind weitverbreitete, relativ anspruchslose Arten, denen die Mischung von Gehölzen und Krautschicht in vielen Gärten gute Lebensbedingungen bietet.

Für die Punktierte Zartschrecke *(Leptophyes punctatissima)* sind Gärten sogar ein bevorzugter Lebensraum, und die Verschleppung mit Gartenpflanzen könnte Ursprung einer weiteren Verbreitung sein. Insbesondere in einigen Regionen Nord- und Ostdeutschlands wird die Art schwerpunktmäßig in Gärten gefunden. Ansonsten besiedelt sie auch Gebüschsäume und Waldränder.

3 Ein Weibchen der Punktierten Zartschrecke *(Leptophyes punctatissima)*. Mit der gebogenen Legeröhre legt es die Eier in die Rinde junger Gehölze.

4 Die Männchen der Punktierten Zartschrecke haben etwas längere Flügel, mit denen sie einen Gesang aus einer Folge hoher »sb«-Laute erzeugen können.

Namensgebend sind die zahlreichen feinen, dunklen Punkte auf dem hellgrünen Körper. Die Flügel sind auch bei dieser Art sehr kurz. Die Legeröhre des Weibchens ist auffallend breit und sichelförmig gekrümmt. Vor allem in der Nacht ist der unauffällige Vegetarier auf Sträuchern aktiv und klettert gelegentlich auch an Hauswänden empor. Erst dann wird die Art meist bemerkt, weil die exzellente Tarnung an der Wand natürlich nicht greift. Die wärmebedürftigen Tiere kommen gern auch in die Innenräume, wenn sie offene Türen oder Fenster finden.

Als blinder Passagier von Stadt zu Stadt: die Südliche Eichenschrecke

5 Die hübsche Rückenzeichnung ist typisch für die Südliche Eichenschrecke *(Meconema meridionale)*, hier ein Weibchen.

Wenn im Spätsommer und Herbst die Nächte kühler werden, zieht es die Südliche Eichenschrecke *(Meconema meridionale)* ebenfalls oft an oder in Häuser. Als überwiegend nachtaktives Tier tastet sie mit ihren Fühlern, die viermal so lang wie der Körper sein können, die Umgebung ab. Auf dem Rücken läuft eine gelbe Linie längs über den grünen Körper. Besonders deutlich heben sich auf dem Halsschild zwei rotbraune Flecken ab, an deren Vorderrand jeweils ein schwarzer Punkt liegt. Die Südliche Eichenschrecke ist flugunfähig, denn ihre Flügel sind zu kleinen Schuppen reduziert. Mithilfe ihrer kräftigen Hinterbeine kann sie aber weit springen. Die Weibchen fallen durch eine lange, gebogene Legeröhre auf, mit der sie die Eier in rissiger Baumrinde platzieren. Diese Laubheuschrecke lebt an verschiedenen Bäumen und Büschen. Die Männchen produzieren dort keine Gesänge, sondern trommeln mit einem Hinterbein auf Blättern, um Weibchen anzulocken. Erwachsene Tiere findet man von Juli bis November. Der Südlichen Eichenschrecke in Aussehen und Lebensweise recht ähnlich ist die einheimische Gemeine Eichenschrecke (*Meconema thalassinum*), bei der die erwachsenen Tiere allerdings normal ausgebildete Flügel aufweisen.

Um das Jahr 1960 herum wurde die Südliche Eichenschrecke erstmals in Deutschland festgestellt, und zwar im südlichen Oberrheingraben (Freiburg und Kaiserstuhl). Es ist von vielen mediterranen Arten dokumentiert, dass sie über die »Burgundische Pforte« zwischen Jura und Vogesen in den Oberrheingraben vordringen und dort dann rasch Richtung Norden vorankommen. Die Südliche Eichenschrecke hat auf diesem Wege das gesamte Rheintal wie auch das Ruhrgebiet besiedelt. Allein mit Sprungkraft ist eine weiträumige Ausbreitung allerdings kaum zu bewältigen. Da diese Heuschrecke ein typischer Kälteflüchter ist, fühlt sie sich nicht nur von Gebäuden magisch angezogen, sondern auch von den warmen Motorhauben kürzlich abgestellter Autos und wohl auch von Zügen. Es wurde mehrfach nachgewiesen, dass sie auf diese Weise zur Mitreisenden wurde – so konnte sie in Städten wie Bremen, Berlin und Brüssel Einzug halten. Und sie taucht auch in immer mehr kleineren Städten und Ortschaften auf: Seit 2014 ist sie sogar in Schleswig-Holstein belegt, wo sie es bis nach Nordfriesland geschafft hat. Im Garten macht sie sich sogar nützlich, weil sie beispielsweise Blattläuse und kleine Raupen – übrigens auch die der gefürchteten Kastanien-Miniermotte – vertilgt.

6 An der Unterseite eines Brombeerblatts im Garten versteckt sich dieses Männchen der Südlichen Eichenschrecke.

7 Sehr ähnlich, aber mit langen Flügeln: Die Gemeine Eichenschrecke *(Meconema thalassinum)*.

Vögel im Winter

1 Zwei Bergfinken *(Fringilla montifringilla)* suchen gemeinsam mit einem Stieglitz Körner am Boden unter einem Futterhaus.

2 Ende März ist der Kopf dieses Bergfinkenmännchens schon fast ganz schwarz gefärbt.

Eine winterliche Futterstelle im Garten kann je nach Lage zwischen 15 und 50 Vogelarten anlocken. Dafür muss allerdings das Nahrungsangebot entsprechend vielfältig sein: Sonnenblumenkerne, Haferflocken, Kleinsämereien, Fettfutter, Weichfutter, Rosinen, Nüsse und Äpfel werden unterschiedlichen Ansprüchen gerecht. Futterhäuser sollten regelmäßig gereinigt werden, um der Ausbreitung von Krankheiten vorzubeugen. Vom Meisenring über die Fettglocke bis zum Futtersilo gibt es verschiedene Möglichkeiten, Futter aus Sicht der Vögel attraktiv anzubieten. Einige Arten bleiben am Futterplatz aber am liebsten am Boden und picken auf, was dort ausgestreut worden oder heruntergefallen ist. Bei der Verfolgung des Geschehens sollte man auch immer die Büsche der Umgebung im Blick haben, denn viele Vögel beobachten von hier aus die Futterstelle, ruhen oder warten auf den richtigen Augenblick, bis die Konkurrenz Platz macht.

Die ganze Finkenschar

Für spektakuläre Masseneinwanderungen aus dem hohen Norden ist der Bergfink *(Fringilla montifringilla)* bekannt, dessen Brutgebiet sich von Norwegen bis nach Kamtschatka erstreckt. Hauptnahrung im

Herbst und Winter sind Bucheckern, sodass sich in Buchenmastjahren Millionen von Bergfinken in mitteleuropäischen Wäldern niederlassen können. Auch Futterplätze im Garten suchen sie in Scharen auf. Sie sind am orange-braunen Schulter- und Brustgefieder gut zu erkennen. Zum Frühling hin nutzen sich die grauen Federsäume am Kopf der Bergfinkenmännchen ab, sodass die schwarzen Federfahnen darunter zum Vorschein kommen – im Prachtkleid haben die Männchen dann tiefschwarz gefärbte Gesichter.

Der Buchfink *(Fringilla coelebs)* ist neben der Amsel unsere häufigste heimische Vogelart. Die Männchen sind prächtig gefärbt, und zwar rostrot an Gesicht, Brust und Bauch. Diese rote Farbe ist im Schlichtkleid im Winter recht matt, gewinnt aber im Frühling an Leuchtkraft. Das Gefieder auf dem Kopf und am Nacken ist bläulich grau. Auf den Flügeln heben sich besonders im Flug zwei weiße Querbinden ab. Die Weibchen sind insgesamt weitgehend bräunlich grau gefärbt. Während die Männchen ziemlich gesellig sind und unter den Futterhäusern fast immer nur den Boden nach Sämereien absuchen, sieht man Weibchen im Winter seltener, weil sie zu einem größeren Teil in den Süden ziehen. Im Frühling brüten Buchfinken auch in Gärten. Meist in den Astgabeln von Bäumen bauen sie sehr sorgfältig ein Napfnest aus mehreren Schichten, dessen Außenrand mit Flechten getarnt wird.

Der Distelfink oder Stieglitz *(Carduelis carduelis)* zählt zu den Vögeln, die teils in Mitteleuropa überwintern und teils in die Mittelmeerregion ziehen. Außerhalb der Brutzeit streifen die bunten Vögel in Trupps umher, stets auf der Suche nach Sämereien. Mit ihren spitz zulaufenden Schnäbeln können sie sehr geschickt Samen aus Disteln, Kletten und rund

3 Das Bergfinkenweibchen ist schlichter gefärbt, zeigt aber ebenfalls eine Orangetönung an Brust und Flügeln.

4 Im Licht der tief stehenden Wintersonne leuchtet das hellrote Federkleid des Buchfinkenmännchens *(Fringilla coelebs)* auf.

5 Insbesondere auf dem Frühjahrszug Richtung Norden im März finden sich vermehrt Buchfinkenweibchen an Futterstellen ein.

6 Dieser Stieglitz *(Carduelis carduelis)* nutzt im November die reifen Samenstände von Nachtkerzen als Nahrungsquelle.

7 Die Farbenpracht der Stieglitze kommt vor schneeweißem Hintergrund besonders gut zur Geltung.

150 weiteren Pflanzen herauszupfen. Sie profitieren entsprechend von abwechslungsreichen Landschaften mit »unordentlichen« Flächen. An einer Futterstelle im Garten bevorzugen sie Mischungen mit kleinen Samen.

SAFARI-TIPP

Man kann Stieglitze und viele andere Vögel im Garten dadurch fördern, dass man verblühte Kräuter und Stauden zum Winter nicht zurückschneidet, sondern einfach stehen lässt. Hungrige Vögel können der »Ästhetik« eines winterkahlen Gartens nichts abgewinnen, sondern freuen sich, wenn sie im vertrockneten Pflanzendickicht nach Nahrung suchen können.

Im Laufe des 20. Jahrhunderts kam der Grünfink oder Grünling (*Chloris chloris*, Synonym *Carduelis chloris*) aus der Feldflur vermehrt als Brutvogel in die Siedlungsgebiete. Im Herbst ernährt er sich sehr gern von Hagebutten. Sein Napfnest baut er in dichten Hecken und Kletterpflanzen; oft brüten mehrere Paare nah beieinander. Sein Hang zur Geselligkeit zeigt sich noch stärker außerhalb der Brutzeit, wenn er in gemischten Trupps mit verschiedenen Finken und Ammern umherstreift. Mit seinem kräftigen Schnabel und der gedrungenen Gestalt ist er an Winterfutterplätzen sehr durchsetzungsfähig gegenüber anderen Vögeln.

Der Erlenzeisig (*Spinus spinus*, Synonym *Carduelis spinus*) ist ein ziemlich kleiner Fink und wie der Bergfink ein typischer Invasionsvogel. Er kommt aus den Nadelwäldern Nord- und Ost-

8 Erlenzeisige *(Spinus spinus)* fallen oft als lebhafte kleine Schwärme am Futterplatz ein. Sie können hier meist von Februar bis April beobachtet werden.

europas, aber auch aus unseren Mittelgebirgen an die Futterstellen in unseren Gärten. Die Weibchen mit dem gestrichelten Gefieder sind viel unauffälliger gezeichnet als die leuchtend grün-gelben Männchen. In Scharen lassen sich Zeisige vor allem in der zweiten Hälfte des Winters an Bodenfutterstellen nieder, schätzen aber auch Meisenknödel sehr. Eigentlich sind sie mit ihrem feinen Schnabel vor allem Spezialisten für Fichten-, Erlen- und Birkensamen.

Manchmal hat man das Glück, am winterlichen Futterplatz auch Birkenzeisige (*Acanthis flammea*, Synonym *Carduelis flammea*) erleben zu können. Mit ihrem roten Scheitel sind die fein gestreiften kleinen Vögel echte Attraktionen, was durch die insbesondere zum Frühling kräftig weinrot gefärbte Brust der Männchen noch gesteigert wird.

Es gibt zwei Formen von Birkenzeisigen, die nur sehr schwer voneinander zu unterscheiden sind: Der Alpenbirkenzeisig *(cabaret)* hat sich im 20. Jahrhundert von den Alpen her als Brutvogel in Deutschland stark ausgebreitet, und zwar in Tallagen und Städten in Süddeutschland, in

9 Das Grünfinkenmännchen *(Chloris chloris)* weist neben der ausgedehnten Grünfärbung viel Gelb an den Handschwingen und den Schwanzfedern auf.

10 Das Grünfinkenweibchen ist weniger bunt gefärbt.

Mittelgebirgen sowie in den Küstenregionen von Nord- und Ostsee. Er brütet seither in diesen Gebieten auch in Gärten. Der Taigabirkenzeisig (*flammea*) hingegen ist ein Brutvogel im nördlichen Skandinavien. Er ist etwas größer und heller, der Alpenbirkenzeisig wirkt bräunlicher. Beide können im Winter in Mitteleuropa invasionsartig auftreten. Der Taigabirkenzeisig erscheint in normalen Jahren nur in Norddeutschland, in Invasionsjahren allerdings in größerer Zahl in ganz Mitteleuropa.

11 Männliche Erlenzeisige sind an der schwarzen Kappe und dem schwarzen Kinnfleck zu erkennen. Bei entsprechendem Lichteinfall leuchtet das grünliche Gelb an Gesicht, Brust und Bauch hell auf.

12 Ein Birkenzeisigweibchen (*Acanthis flammea*) hat sich am Futterplatz zu einem Erlenzeisig gesellt.

13 Birkenzeisigmännchen sind mit ihrer rot überhauchten Brust besonders apart gefärbt.

Unser größter Fink ist der Kernbeißer (*Coccothraustes coccothraustes*), der in Laubwäldern, Parks und Gärten brütet, aber durch seine verborgene Lebensweise in den Baumwipfeln während des Sommers fast unsichtbar bleibt. Am Futterhaus schätzt er Sonnenblumenkerne sehr. Mit seinem imposanten Schnabel, der sich zum Frühjahr hin blau färbt, knackt er mit Leichtigkeit sogar harte Hainbuchensamen und Kirschkerne.

Noch ein weiterer Fink verhält sich sehr unauffällig, obwohl er zu unseren prächtigsten Gartenvögeln zählt: der Dompfaff oder Gimpel (*Pyrrhula*

pyrrhula). Ein weich gerufenes »Djü« verrät oft seine Anwesenheit. Ähnlich wie der Grünfink ist der ursprüngliche Waldbewohner fast reiner Vegetarier. Im Frühjahr ernährt er sich hauptsächlich von Knospen, dann stehen Samen, zunächst von Kräutern, später von Sträuchern, auf der Speisekarte. Nur die Nestlinge erhalten einen Anteil an tierischer Kost. Die ausgedehnte rote Färbung an Wangen, Brust und Bauch kennzeichnet das Männchen; das Weibchen ist unterseits grau-braun gefärbt.

In Gesellschaft von Finken und Sperlingen fühlt sich die Goldammer *(Emberiza citrinella)* an den Futterplätzen wohl. Im Winter zieht es Goldammertrupps aus ihren Brutgebieten in der strukturreichen Offenlandschaft stets auch in Ortschaften und Städte hinein. Ähnlich wie Buchfinken bevorzugen Goldammern die Futtersuche am Boden, wo die Männchen mit ihren leuchtend gelben Köpfen im Schnee besonders hervorstechen.

Besondere Meisen

Auf Nahrungssuche streifen die verschiedenen Meisenarten im Winterhalbjahr weit umher. An Futterstellen im Garten finden sich neben den nahezu allgegenwärtigen Blau- und Kohlmeisen gelegentlich auch zwei Arten ein, die eigentlich Nadelwaldspezialisten sind: Tannenmeise *(Periparus ater)* und Haubenmeise *(Lophophanes cristatus)*.

Die Tannenmeise ist unsere kleinste Meise. Auf den ersten Blick ist sie der Kohlmeise mit ihrem schwarzen Kopf und den weißen Wangen sehr ähnlich. Allerdings fehlen ihr die Gelbtöne und der schwarze Längsstreifen im Bauchgefieder, und besonders charakteristisch ist ihr langer, weißer

14 Der Kernbeißer *(Coccothraustes coccothraustes)*, auch Dickschnabel oder Finkenkönig genannt, kommt für Sonnenblumenkerne gern aus der Deckung.

15 Der Dompfaff *(Pyrrhula pyrrhula)*, hier ein Männchen, wirkt am Futterplatz sehr vorsichtig und mischt sich nicht so gern unter die anderen Vögel.

16 Die warmen Farben der Goldammer *(Emberiza citrinella)* sind ein wohltuender Blickfang in kalten Wintermonaten.

Nackenfleck. Federleicht turnt sie an den äußeren Spitzen von Fichten umher, um Fressbares zu finden. Hier versteckt sie auch ihre Vorräte, die damit sicher vor schwergewichtigeren Konkurrenten sind. Im Garten besucht sie Futterstellen mit Fettfutter, Sämereien und Erdnüssen, verhält sich wenig scheu und mischt sich gern unter andere Meisen. Manchmal fällt sie sogar invasionsartig in kleinen Trupps ein.

Die Haubenmeise zählt mit ihrer spitzen, namensgebenden Federhaube, der schwarz-weißen Kopfzeichnung und den warmen Brauntönen im Gefieder zu unseren hübschesten Vögeln. Sie mag Fettfutter ganz besonders und versteckt Samen gern in Rindenspalten. Allerdings ist sie nicht sehr

17 Die Tannenmeise *(Periparus ater)*, hier am langen weißen Längsstreifen auf dem Hinterkopf gut zu erkennen, schätzt Erdnüsse als energiereiches Winterfutter.

18 Die Haubenmeise *(Lophophanes cristatus)* mit ihrer hübschen Federhaube zählt zu den besonderen Attraktionen am Winterfutterplatz.

gesellig, sodass sie meist einzeln am Futterplatz erscheint. Bemerkenswerterweise hackt die Haubenmeise ihre Nisthöhle im Frühling bevorzugt selbst in morsches Holz, auch wenn gelegentlich vorhandene Höhlen und andere Tierbauten wie zum Beispiel Eichhörnchennester angenommen werden.

Ständig in Bewegung und geschickt auf den äußersten Zweigspitzen kletternd: Das sind die

19 Mitteleuropäische Schwanzmeisen *(Aegithalos caudatus)* tragen über dem Auge einen breiten schwarzen Gesichtsstreifen.

20 Artistisch: Schwanzmeisen können kopfüber an dünnen Zweigen auf Nahrungssuche gehen – hier ein eingeflogenes Exemplar aus Nordosteuropa mit rein weißem Gesicht.

Schwanzmeisen *(Aegithalos caudatus)*. Ihre Brutreviere liegen in Wäldern und Parks. Sie bauen dort kunstvolle Kugelnester, die sie innen mit Federn polstern und außen mit Flechten verkleiden. Im Winterhalbjahr bilden Schwanzmeisen kleine Trupps, die durch die Gärten streifen, unermüdlich auf der Suche nach Insekteneiern, kleinen Spinnen und Ähnlichem. Auch Futterhäuser und Meisenknödel suchen sie auf. Der auffallend lange Schwanz dient den kleinen Singvögeln als Balancierstange. Mit ihren hohen, durchdringenden »sisisi«-Rufen machen sie sich weithin bemerkbar. In Schlafgemeinschaften wärmen sie sich nachts gegenseitig.

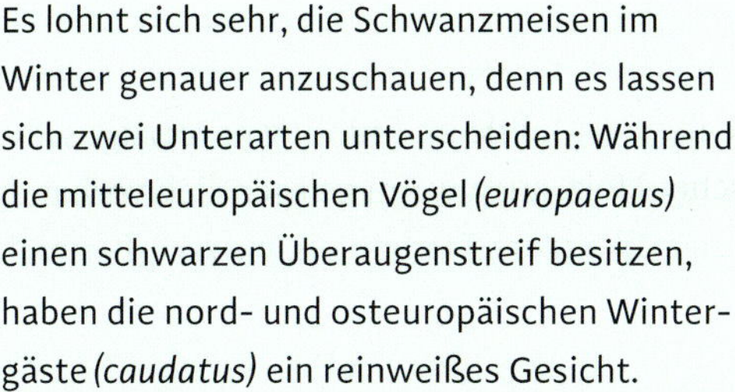

SAFARI-TIPP

Es lohnt sich sehr, die Schwanzmeisen im Winter genauer anzuschauen, denn es lassen sich zwei Unterarten unterscheiden: Während die mitteleuropäischen Vögel *(europaeaus)* einen schwarzen Überaugenstreif besitzen, haben die nord- und osteuropäischen Wintergäste *(caudatus)* ein reinweißes Gesicht.

21 Rotkehlchen *(Erithacus rubecula)* wirken geradezu niedlich, sind untereinander aber sehr unverträglich.

22 Der Kleiber *(Sitta europaea)* sammelt am Futterplatz meist hastig ein paar Sonnenblumenkerne auf, die er anschließend in der näheren Umgebung als Vorrat versteckt.

Vielfalt am Futterhaus: Von Weihnachtsvögeln bis zu »grauen Mäusen«

Als einer unserer zutraulichsten Vögel, der meist im Wald, aber auch in Parks und Gärten brütet, gilt das Rotkehlchen *(Erithacus rubecula)*. Die Vögel haben gelernt, von der Gartenarbeit zu profitieren, indem sie mit ihren pinzettenartigen Schnäbeln freigelegte Würmer und Insekten geschickt erbeuten. Im Herbst und Winter nimmt ihre Zahl in den Gärten zu. Das Rotkehlchen ist ein Teilzieher: Während die nord- und osteuropäischen Populationen in Richtung Mittelmeer und Atlantik ziehen, bleiben viele Mitteleuropäer in der Region. Im Winter besuchen sie regelmäßig das Futterhaus. Sie suchen hier nach Weichfutter wie Haferflocken und Rosinen.

Am Futterplatz erscheinen Rotkehlchen stets einzeln. Das hat einen Grund: Sie bilden auch im Winter feste Reviere, die sie energisch gegen Artgenossen verteidigen. Folglich hört man sogar in der kalten Jahreszeit den perlenden Reviergesang. In England wird das Rotkehlchen auch als »Weihnachtsvogel« bezeichnet.

Die Beobachtung des Kleibers *(Sitta europaea)* im Garten bereitet besonders viel Freude, denn er zeigt einige bemerkenswerte Verhaltensweisen: Wenn er die Rinde alter Bäume nach Insekten absucht, kann er geschickt kopfüber am Stamm hinabklettern. Im Herbst klemmt er Bucheckern oder Nüsse in der Borke oder in Astgabeln fest und meißelt sie mit seinem kräftigen Schnabel auf. An diesen Orten versteckt er auch Vorräte und deckt sie sorgsam mit Flechten oder Moos zu. Seine lauten, pfeifenden Rufe schallen im Frühjahr durch Gärten, Parks und Wälder, und er brütet in Baumhöhlen und Nistkästen, deren Einflugloch er mit Lehm für ihn passend verkleinert.

Ein lautes »Kix«, bei Erregung in dichter Folge gerufen, verrät einen Bewohner baumreicher Gartenlandschaften: den Buntspecht *(Dendrocopos major)*. Unser häufigster Specht kann sich akroba-

23 Das Buntspechtweibchen *(Dendrocopos major)* unterscheidet sich durch den fehlenden roten Nackenfleck vom Männchen.

24 Eichelhäher *(Garrulus glandarius)* sammeln am Futterplatz in Windeseile die größeren Brocken ein – auf Erdnüsse haben sie es besonders abgesehen.

tisch an Meisenknödel hängen. Fettreiche Nahrung steht im Winterhalbjahr hoch im Kurs. Mit seinem kräftigen Schnabel verschafft er sich rund ums Jahr Zugang zu vielfältiger Nahrung: Er hackt Löcher ins Holz, um an die dort nagenden Insektenlarven zu gelangen, beschädigt die Baumrinde aber auch gezielt, um den austretenden zuckerreichen Saft aufzulecken, und er verkeilt Zapfen und Nüsse so geschickt im Holz, dass er in diesen »Spechtschmieden« an die nahrhaften Samen gelangt.

Auch unser buntester Rabenvogel, der Eichelhäher *(Garrulus glandarius)*, kontrolliert immer wieder Futterstellen. Er sammelt die gefundene Nahrung hastig im Kehlsack, um sie anschließend zu verstecken. Im Herbst bemerkt man häufig durchziehende Eichelhäher im Garten, die nur kurzzeitig verweilen. Zu den heimischen Überwinterern können aber invasionsartig Artgenossen aus den nördlichen Brutgebieten hinzukommen, die länger bei uns bleiben. Der Waldvogel brütet mitunter auch in baumreichen Gärten, sodass man ihn mit etwas Glück ganzjährig beobachten kann.

25 Man muss genau hinschauen, um die Heckenbraunelle *(Prunella modularis)* zu entdecken.

Aus dem Wald stammt auch die Heckenbraunelle (*Prunella modularis*), die zwar in gebüschreichen Gärten sogar mitten in der Stadt brüten kann, aber selbst dort kaum bemerkt wird. Sie macht sich mit ihrer grau-braunen Färbung gewissermaßen unsichtbar und ist im wahrsten Sinne des Wortes die »graue Maus« unter unseren Singvögeln. Auch am Futterplatz bleibt sie meist in der Deckung des nächstgelegenen Buschwerks, um von dort nur kurz hervorzuhuschen und einzelne Samen vom Boden aufzupicken. Meist wird sie dann mit einem Haussperling verwechselt, von dem sie sich aber deutlich durch ihren feinen, spitzen Schnabel unterscheidet. Erst im Frühjahr kann man Heckenbraunellen in erhöhter Position wahrnehmen, wenn sie ihren klirrenden Gesang erklingen lassen.

Geschichten von Ausbreitung und Verstädterung: Tauben

26 Ringeltauben *(Columba palumbus)* gehören zu den größten Vögeln unter den winterlichen Gästen am Futterplatz.

Zu den Vögeln, die sich in der Zugzeit vom Herbst an in ganzen Schwärmen an Futterstellen einfinden, zählt die Ringeltaube (*Columba palumbus*). Sie überwintert in Südwesteuropa, aber zunehmend bleibt ein Teil der Vögel ganzjährig in Mitteleuropa. Im Laufe des 20. Jahrhunderts setzte bei unserer größten Taubenart außerdem eine fortschreitende Verstädterung ein. Sie brütet in Baumgruppen und Gebüsch in Gärten und Parkanlagen, manchmal sogar schon im Winter, und lässt hier ihren unverkennbaren Ruf (»rugúhgu-gugu«) ertönen.

Der Ruf der Türkentaube *(Streptopelia decaocto)* ist hingegen nur dreisilbig (»gugúhgu«). Nahezu in ganz Europa hört man ihn in Städten und Ort-

27 Das bräunliche Gefieder, ein schwarzer Halsring und dunkelrote Augen sind die charakteristischen Merkmale der Türkentaube *(Streptopelia decaocto)*.

schaften. Strukturreiche Gärten sind die bevorzugten Reviere der hübschen Vögel, die so groß wie Haustauben sind, aber mit ihrer schlanken Gestalt viel zierlicher und eleganter wirken. Außerhalb der Brutreviere können sich auch Türkentauben zu größeren Schwärmen zusammenfinden, im Brutrevier ist jedes Paar jedoch territorial. Auf Bäumen, manchmal ebenso an Gebäuden baut es eine Plattform aus dürren Zweigen als Nest. Türkentauben können schon im zarten Alter von 3 bis 4 Monaten mit dem Brutgeschäft beginnen. Die Brutzeit reicht von März bis September, aber auch in milden Wintern wird gebrütet – auf acht Bruten pro Jahr kann es ein Paar im Extremfall bringen! Als Nahrung dienen Samen, insbesondere Getreidekörner,

28 Diese Türkentaube brütet auf der Außenbeleuchtung eines Gebäudes.

außerdem Früchte, Keimlinge und Blättchen. Wahrscheinlich haben osmanische Eroberer die weiter östlich verbreitete Türkentaube einst auf dem Balkan angesiedelt, von wo aus sie etwa im Jahr 1930 ihre Expansion Richtung Nordwesten startete.

29 Seidenschwänze *(Bombycilla garrulus)* sind nicht sehr scheu – so kann man ihre majestätische Erscheinung manchmal sogar aus unmittelbarer Nähe bewundern.

30 Mistelbeeren spielen eine herausragende Rolle als Winternahrung der Seidenschwänze in Mitteleuropa.

Exoten aus der Taiga

Zu den faszinierendsten Wintergästen zählen die exotisch anmutenden Seidenschwänze (*Bombycilla garrulus*), die nur in bestimmten Jahren mit großer Nahrungsknappheit – wenn die Ebereschen keine Vogelbeeren tragen – ihre Heimat in der Taiga verlassen und nach Mitteleuropa aufbrechen. Dabei ziehen sie in Trupps, manchmal in großen Schwärmen und suchen gezielt Misteln auf, deren weiße Beeren im Winter reif sind. Wenn in Städten und Ortschaften Pappeln, Obstbäume oder Birken mit zahlreichen Misteln besetzt und Seidenschwänze zu Besuch sind, ziehen sie meist morgens von Baum zu Baum und machen sich an die Ernte. Ihr Auftreten sorgt gelegentlich für Aufmerksamkeit in den lokalen Medien, denn die starengroßen Vögel heben sich mit ihren Federhauben und den bunten Flügelmustern von allen heimischen Arten deutlich ab. Mit hohen, »klingelnden« Rufen halten sie Kontakt. Beeren und Obst locken Seidenschwänze in die Gärten – ausgelegte Äpfel sind sehr beliebt. In früheren Zeiten galt eine solche Invasion als böses Omen: In manchen Regionen wurden Seidenschwänze gar als »Pestvögel« bezeichnet. Heute zählt ihr massenhaftes Erscheinen zu den herausragenden Höhepunkten im Gartenjahr.

Tipps für eine naturnahe Gartengestaltung

Mit ein paar »goldenen Regeln« kann man einiges für die Vielfalt im Garten bewirken und gute Voraussetzungen für erfolgreiche Gartensafaris schaffen.

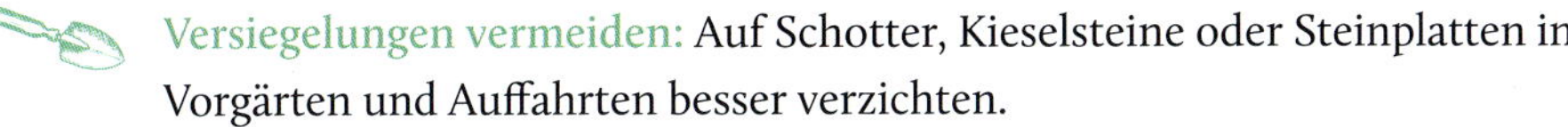

- Versiegelungen vermeiden: Auf Schotter, Kieselsteine oder Steinplatten in Vorgärten und Auffahrten besser verzichten.
- Vegetationsfreien Boden an sonnigen Standorten erhalten: Hier können Wildbienen und Grabwespen nisten, und an regengeschützten Standorten fertigen Ameisenlöwen ihre Trichter im Sandboden an.
- Den Rasen nicht zu oft mähen: Lässt man Pflanzen zur Blüte kommen, finden Bienen, Schmetterlinge, Schwebfliegen und viele andere Insekten reichlich Nahrung. Es kann auch sinnvoll sein, einzelne Abschnitte zeitversetzt zu mähen. Dann gibt es stets für alle Bedürfnisse etwas: Rasen und Wiese.
- Nur sparsam und gezielt düngen: Magere Verhältnisse sorgen für Vielfalt.
- Auf chemische Pflanzenschutzmittel (»Pestizide«) aller Art verzichten. Auch beim Pflanzenkauf sollte man darauf achten, dass keine Vorbehandlung mit Neonicotinoiden erfolgt ist, die für Insekten hochgiftig und lange Zeit in allen Teilen der Pflanze wirksam sind.
- Totholz aufstapeln: Viele Larven prächtiger Käfer wachsen im Totholz heran, Wildbienen und solitäre Wespen nutzen Käferfraßgänge als Nistplätze oder nagen aktiv Nistgänge hinein, Eidechsen und andere Tiere finden hier Unterschlupf und Sonnenplätze. Abgestorbene Baumstümpfe und -stubben sind ebenfalls sehr beliebt.
- Einen Komposthaufen anlegen: Damit lassen sich nicht nur Nährstoffkreisläufe im Garten sinnvoll schließen. Im Komposthaufen wachsen die Larven

von Rosenkäfern und anderen Insekten heran, und die Fäulniswärme kann sogar die Eier von Ringelnattern ausbrüten.

Für Strukturreichtum sorgen: Trockenmauern, Erdwälle, Gebüschinseln, Hecken, alte Bäume, Fassadenbegrünungen, »wilde Ecken«, Laub- und Reisighaufen bieten unterschiedlichen Tieren Unterschlupf und Nistmöglichkeiten.

Möglichst einheimische Stauden, Kräuter, Sträucher und Bäume sollten vom zeitigen Frühjahr bis zum Herbst ein reiches Blütenangebot mit viel Pollen und Nektar liefern. Wildblumensaatmischungen, die in der Zusammensetzung an die Region und Bodenbeschaffenheit angepasst sind, sind im Fachhandel erhältlich.

Ziersträucher möglichst so auswählen, dass sie einen Nutzen für beerenfressende Vögel haben: Eberesche, Holunder oder Pfaffenhütchen sind beispielsweise sehr beliebt. Wer Eichhörnchen beobachten will, kann Walnuss und Hasel pflanzen.

Wasser im Garten sorgt für Vielfalt: Im Gartenteich entwickeln sich Amphibien und Insekten wie Libellen. Aber auch eine Vogeltränke garantiert schon spannende Beobachtungen.

Im Herbst Stauden und Kräuter nicht zurückschneiden: Vögel suchen hier im Winter nach Samen. Zudem überwintern in und an den Halmen viele Insekten in unterschiedlichen Entwicklungsstadien.

Eine Wildbienennisthilfe aus Bambus- und Schilfhalmen sowie angebohrten Holzblöcken aufhängen oder aufstellen: Sie kann durch Elemente für Lehm bewohnende Arten ergänzt werden, sollte möglichst nach Süden ausgerichtet und mit einem Schutzdraht vor dem Zugriff durch hungrige Vögel geschützt sein. Markhaltige Stängel von Brombeeren sollte man senkrecht aufstellen.

Im Winter eine Futterstelle für Vögel einrichten: Auf Hygiene und unterschiedliche Bedürfnisse der verschiedenen Arten ist zu achten. Erdnüsse, Sämereien in verschiedenen Größen, Fettfutter, Haferflocken, Rosinen und Äpfel locken ein breites Spektrum an Arten an.

Nistkästen für Vögel an möglichst »katzensicherer« Position aufhängen: Es gibt die »klassischen« Nistkästen für Meisen und Stare, aber auch besondere Nisthilfen für Halbhöhlenbrüter oder – hoch oben anzubringen – sogar für Mauersegler. Bei Gebäudesanierungen darauf achten, dass bei Vögeln beliebte Nischen erhalten bleiben oder Ersatz geschaffen wird.

Gartenschuppen, Dachböden oder kühle Kellerräume, die nach außen nicht hermetisch abgeriegelt sind, können einigen Tagfaltern, Florfliegen, Amphibien oder weiteren Tieren als willkommene Schutzräume zur Überwinterung dienen.

LITERATUR

Allgemeines

Ineichen, S.; Klausnitzer, B.; Ruckstuhl, M. (Hrsg., 2012): Stadtfauna – 600 Tierarten unserer Städte. Haupt Verlag, Bern, Stuttgart, Wien.

Kegel, B. (2013): Tiere in der Stadt. DuMont, Köln.

Petrischak, H. (2012–2015): Exkursion in den Garten. 18-teilige Serie. Biologie in unserer Zeit 42 (4) – 45 (3).

Reichholf, J. H. (2007): Stadtnatur. oekom verlag, München.

Stocker, M.; Meyer, S. (2012): Wildtiere – Hausfreunde und Störenfriede. Haupt Verlag, Bern, Stuttgart, Wien.

Wildbienen

Gokcezade, J. F.; Gereben-Krenn, B.-A.; Neumayer, J. (2017): Feldbestimmungsschlüssel für die Hummeln Deutschlands, Österreichs und der Schweiz. Quelle & Meyer, Wiebelsheim.

Hagen, E. von; Aichhorn, A. (2014): Hummeln. 6. Aufl. Fauna, Nottuln.

Petrischak, H. (2012): Beobachtungen zu Blütenbesuch und Nestbau der Blauschwarzen Holzbiene *Xylocopa violacea* (Linnaeus, 1758) (Hymenoptera: Apidae). Abhandlungen der Delattinia 38, S. 285–290.

Petrischak, H. (2012): Nachweis der Efeu-Seidenbiene *Colletes hederae* Schmidt & Westrich, 1993 im Saarland (Hymenoptera: Apidae), Abhandlungen der Delattinia 38, S. 291–296.

Petrischak, H. (2021): Welche Wildbiene ist das? Franckh-Kosmos, Stuttgart.

Saure, C.; Streese, N.; Ziska, T. (2019): Erstnachweise von drei ausbreitungsstarken Stechimmenarten für Berlin und Brandenburg (Hymenoptera Aculeata). Märkische Entomologische Nachrichten 21 (2), S. 243–252.

Schmidt, K.; Westrich, P. (1993): *Colletes hederae n. sp.*, eine bisher unerkannte, auf Efeu *(Hedera)* spezialisierte Bienenart (Hymenoptera: Apoidea). Entomologische Zeitschrift 103 (6), S. 89–112.

Westrich, P. (2015): Wildbienen – Die anderen Bienen, Verlag Dr. Friedrich Pfeil, München, 5. Aufl.

Westrich, P. (2019): Die Wildbienen Deutschlands, 2. Aufl., Eugen Ulmer, Stuttgart.

Westrich, P.; Frommer, U.; Mandery, K.; Riemann, H.; Ruhnke, H.; Sure, C.; Voith, J. (2011): Rote Liste und Gesamtartenliste der Bienen (Hymenoptera, Apidae) Deutschlands. Bundesamt für Naturschutz, Naturschutz und Biologische Vielfalt 70 (3): S. 373–416.

Wanzen und Wanzenfliegen

Engelhardt, W.; Martin, P.; Rehfeld, K. (2020): Was lebt in Tümpel, Bach und Weiher? Franckh Kosmos, Stuttgart, 18. Aufl.

Kuratorium Insekt des Jahres (Hrsg.): Die Goldschildfliege *Phasia aurigera*, Insekt des Jahres 2014, Faltblatt, https://www.senckenberg.de/wp-content/uploads/2019/10/2014_flyer_goldschildfliege.pdf.

Ludwig, H. W. (1989): Tiere unserer Gewässer, BLV, München.

Tschorsnig, H.-P.; Herting, B. (1994): Die Raupenfliegen (Diptera: Tachinidae) Mitteleuropas. Bestimmungstabellen und Angaben zur Verbreitung und Ökologie der einzelnen Arten. Stuttgarter Beiträge zur Naturkunde, Serie A (Biologie) 506, S. 1–170.

Wachmann, E.; Melber, A.; Deckert, J. (2004 bis 2012): Wanzen, Bd. 1–5. Die Tierwelt Deutschlands, 75./77./78./81./82. Teil, Goecke & Evers, Keltern.

Werner, D. J. (2011): Die amerikanische Koniferen-Samen-Wanze *Leptoglossus occidentalis* (Heteroptera: Coreidae) als Neozoon in Europa und in Deutschland: Ausbreitung und Biologie, Entomologie heute 23, S. 31–68.

Blattlausräuber und Blütenbesucher an Pfaffenhütchen

Bastian, O. (1994): Schwebfliegen. Die Neue Brehm Bücherei 576, Westarp Wissenschaften, Magdeburg.

Klopfstein, S. (2014): Revision of the Western Palaearctic Diplazontinae (Hymenoptera, Ichneumonidae). Zootaxa 3801, S. 1–143.

Kormann, K. (2002): Schwebfliegen und Blasenkopffliegen Mitteleuropas. Fauna Verlag, Nottuln.

Petrischak, H. (2016): Blütenbesucher und Blattlausräuber an Pfaffenhütchen (*Euonymus europaeus*). Entomologie heute 28, S. 79–94.

Rotheray, G. E. (1993): Colour Guide to Hoverfly Larvae (Diptera, Syrphidae) in Britain and Europe. Dipterists Digest No. 9, Derek Whiteley; Sheffield.

Schmid, U. (1996): Auf gläsernen Schwingen: Schwebfliegen. Stuttgarter Beiträge zur Naturkunde, Serie C, Heft 40.

Thomas, P. A.; El-Barghathi, M.; Polwart, A. (2011): Biological Flora of the British Isles: *Euonymus europaeus* L. Journal of Ecology 99, S. 345–365.

Vilcinskas, A.; Schmidtberg, H. (2014): Der Asiatische Marienkäfer als Modell. Invasiv durch biologische und chemische Waffen. Biologie in unserer Zeit 44 (6), S. 386–391.

Wachmann, E. & Saure, C. (1997): Netzflügler, Schlamm- und Kamelhalsfliegen. Naturbuch Verlag, Augsburg.

Wnuk, A. & Gospodarek, J. (1999): Occurrence of aphidophagous Syrphidae (Diptera) in colonies of *Aphis fabae* Scop. on its various host plants. Annals of Agricultural Sciences, Series E, Plant Protection 28, S. 7–16.

Wojciechowicz-Zytko, E. (2009): Predatory syrphids (Diptera, Syrphidae) and ladybird beetles (Coleoptera, Coccinellidae) in the colonies of *Aphis fabae* Scopoli, 1763 (Hemiptera, Aphidoidea) on *Philadelphus coronarius* L. Aphids and Other Hemipterous Insects 15, S. 169–181.

Vögel

Bauer, H.-G.; Bezzel, E.; Fiedler W. (2012): Das Kompendium der Vögel Mitteleuropas. Aula-Verlag, Wiebelsheim, 2012.

Berthold, P.; Mohr, G. (2021): Vögel füttern, aber richtig. Das ganze Jahr füttern, schützen und sicher bestimmen, Franckh-Kosmos, Stuttgart, 5. Aufl.

Bezzel, E. (2013): Das BLV Handbuch. Alle Brutvögel Mitteleuropas, BLV, München.

Dreyer, W. (2009): Vögel rund ums Haus, Frankh-Kosmos, Stuttgart.

Hofmann, H. (2013): Gartenvögel, GU Naturführer, Gräfe und Unzer Verlag, München.

König, C.; Karthäuser, J.; Stübing, S.; Wahl, J. (2018): Winter 2017/18: Einflug von Birkenzeisigen, Rotmilane und knifflige Seltenheiten. Der Falke 4/2018, S. 38–43.

Reichholf, J. H. (2012): Rabenschwarze Intelligenz, Piper, München, 4. Aufl.

Riechelmann, C. (2013): Krähen, Matthes & Seitz, Berlin.

Ryslavi, T.; Bauer, H.-G.; Gerlach, B.; Hüppop, O.; Stahmer, J.; Südbeck, P. & Sudfeldt, C. (2020): Rote Liste der Brutvögel Deutschlands. 6. Fassung. Berichte zum Vogelschutz 57, S. 13–112.

Schäffer, A.; Schäffer, N. (2012): Gartenvögel – Naturbeobachtungen vor der eigenen Haustür, Aula-Verlag, Wiebelsheim, 3. Aufl.

Schmid, U. (2012): Welcher Gartenvogel ist das? Franckh-Kosmos, Stuttgart, 2. Aufl.

Schöne, R. (2012): Am Futterhaus – Vögel erleben im Jahreslauf, Haupt Verlag, Bern.

Singer, D. (2011): Vögel rund ums Futterhaus, Frankh-Kosmos, Stuttgart, 2011.

Svensson, L.; Mullarney, K.; Zetterström, D. (2018): Der Kosmos-Vogelführer. Alle Arten Europas, Nordafrikas und Vorderasiens. Franckh-Kosmos, Stuttgart.

Käfer

Brechtel, F.; Kostenbader H. (Hrsg., 2002): Die Pracht- und Hirschkäfer Baden-Württembergs. Eugen Ulmer, Stuttgart, 2002.

Harde, K. W.; Severa, F. (2009): Der Kosmos Käferführer. Die Käfer Mitteleuropas. Franck-Kosmos, Stuttgart.

Klausnitzer, B.; Klausnitzer, U.; Wachmann, E.; Hromádko, Z. (2016): Die Bockkäfer Mitteleuropas, 2 Bände, Die Neue Brehm-Bücherei 499, VerlagsKG Wolf, Magdeburg, 2016.

Möller, G.; Grube, R.; Wachmann, E. (2006): Der Fauna-Käferführer I: Käfer im und am Wald. Fauna Verlag, Nottuln.

Petrischak, H. (2018): Bockkäfer auf Blüten. Naturerlebnisse, Teil 17. Biologie in unserer Zeit 48 (2), S. 89–90.

Schmetterlinge

Ebert, G. (Hrsg., 1991–2005): Die Schmetterlinge Baden-Württembergs, 10 Bände, Eugen Ulmer, Stuttgart.

Hensle, J.: *Pieris mannii* (Mayer, 1851) – Karstweißling, Lepiforum, Bestimmungshilfe für die in Europa nachgewiesenen Schmetterlingsarten, http://www.lepiforum.de/lepiwiki.pl?Pieris_Mannii.

Petrischak, H. (2019): Das Jahr des Distelfalters. Biologie in unserer Zeit 49 (6), S. 402–404.

Reichholf, J. H. (2009): Die Achateule *Phlogophora meticulosa* (Linnaeus, 1758) und ihr Wanderverhalten, Atalanta 40, S. 157–163.

Reichholf, J. H. (2018): Schmetterlinge. Warum sie verschwinden und was das für uns bedeutet. Carl Hanser Verlag, München.

Rennwald, E.: Lepiforum: Bestimmung von Schmetterlingen (Lepidoptera) und ihren Präimaginalstadien, www.lepiforum.de.

Schulte, T.; Eller, O.; Niehuis, M.; Rennwald, E. (Hrsg., 2007): Die Tagfalter der Pfalz, 2 Bd. Fauna und Flora in Rheinland-Pfalz, Beiheft 36/37, GNOR-Eigenverlag, Landau.

Steiner, A.; Ratzel, U.; Top-Jensen, M.; Fibiger, M. (2014): Die Nachtfalter Deutschlands. Ein Feldführer. Bugbook Publishing, Østermarie.

Ulrich, R. (2015): Schmetterlinge entdecken und verstehen. Franckh-Kosmos, Stuttgart.

Ulrich, R. (2018): Tagaktive Nachtfalter. Franckh-Kosmos, Stuttgart.

Amphibien und Reptilien

Blanke, I. (2004): Die Zauneidechse. Beiheft der Zeitschrift für Feldherpetologie 7, Laurenti-Verlag, Bielefeld.

Laufer, H.; Fritz, K.; Sowig P. (2007): Die Amphibien und Reptilien Baden-Württembergs, Eugen Ulmer, Stuttgart.

Petrischak, H. (2016): Wer loslässt, verliert. Der Klammerreflex der Erdkröten-Männchen. – Naturerlebnisse, Teil 4. Biologie in unserer Zeit 46 (1), S. 17–18.

Rote-Liste-Gremium Amphibien und Reptilien (2020): Rote Liste und Gesamtartenliste der Amphibien (Amphibia) Deutschlands. Naturschutz und Biologische Vielfalt 170 (4): 86 S.

Völkl, W.; Alfermann, D. (2007): Die Blindschleiche. Beiheft der Zeitschrift für Feldherpetologie 11, Laurenti-Verlag, Bielefeld.

Eichhörnchen und Igel

Braun, M.; Dieterlein, F. (Hrsg., 2005): Die Säugetiere Baden-Württembergs, Eugen Ulmer, Stuttgart.

Reichholf, J. H. (2019): Das Leben der Eichhörnchen. Carl Hanser Verlag, München.

Wespen

Blösch, M. (2000): Die Grabwespen Deutschlands, Tierwelt Deutschlands Bd. 71, Goecke & Evers, Keltern.

Mauss, V.; Treiber, R. (2004): Bestimmungsschlüssel für die Faltenwespen (Hymenoptera: Masarinae, Polistinae, Vespinae) der Bundesrepublik Deutschland. 3. Aufl., DJN, Göttingen, 53 S.

Petrischak, H. (2013): Beobachtungen an einem Nest der Waldwespe *Dolichovespula sylvestris* (Scopoli, 1763) in einem Vogelnistkasten (Hymenoptera: Vespidae). Abhandlungen der Delattinia 39, S. 227–236.

Petrischak, H. (2014): Beobachtungen an solitären Wespen und Wildbienen an ihren Nistplätzen in Brombeerstängeln (Insecta: Hymenoptera). Abhandlungen der Delattinia 40, S. 299–307.

Petrischak, H. (2018): Schillernde Widersacher. Goldwespen am Nistplatz von Bienenwölfen und Sandknotenwespen. – Naturerlebnisse, Teil 18. Biologie in unserer Zeit 48 (3), S. 150–151.

Schmid-Egger, C. (2003): Bestimmungsschlüssel für die deutschen Arten der solitären Faltenwespen (Hymenoptera: Eumeninae). DJN, Göttingen, S. 54–102.

Schremmer, F. (2004): Wespen und Hornissen – Die einheimischen sozialen Faltenwespen. Nachdruck der 1. Aufl. von 1962, Neue Brehm-Bücherei 298, Westarp, Hohenwarsleben.

Wiesbauer, H.; Rosa, P.; Zettel, H. (2020): Die Goldwespen Mitteleuropas. Eugen Ulmer, Stuttgart.

Witt, R. (2009): Wespen. Vademecum Verlag, Oldenburg.

Weitere Fluginsekten

Bastian, O. (1994): Schwebfliegen. Die Neue Brehm Bücherei 576, Westarp Wissenschaften, Magdeburg.

Duelli, P. (1999): Honigtau und stumme Gesänge. Habitat- und Partnersuche bei Florfliegen (Neuroptera, Chrysopidae). Stapfia 60 N. F. 138, S. 35–48.

Gepp, J. (2010): Ameisenlöwen und Ameisenjungfern, Neue Brehm-Bücherei 589, Westarp Wissenschaften, Hohenwarsleben.

Kormann, K. (2002): Schwebfliegen und Blasenkopffliegen Mitteleuropas. Fauna Verlag, Nottuln.

Petrischak, H. (2015): Blütenbesuchende Insekten an Efeu (*Hedera helix*). Entomologie heute 27, S. 103–123.

Schmid, U. (1996): Auf gläsernen Schwingen. Schwebfliegen. Stuttgarter Beiträge zur Naturkunde, Serie C, Heft 40.

van Veen, M. P. (2004): Hoverflies of Northwest Europe. KNNV Publishing, Zeist.

Wachmann, E.; Saure, C. (1997): Netzflügler, Schlamm- und Kamelhalsfliegen. Naturbuch Verlag, Augsburg.

Wildermuth, H.; Martens, A. (2014): Taschenlexikon der Libellen Europas. Quelle & Meyer, Wiebelsheim.

Spinnen, Asseln, Tausendfüßer

Arachnologische Gesellschaft e. V.: Spinnen-Forum-Wiki, https://wiki.arages.de/index.php.

Baehr, M. (2013): Welche Spinne ist das? Franckh-Kosmos, Stuttgart.

Bellmann, H. (2001): Kosmos-Atlas Spinnentiere Europas und Süßwasserkrebse, Asseln, Tausendfüßer. Frankh-Kosmos, Stuttgart.

Eisenbeis, G.; Wichard, W. (1985): Atlas zur Biologie der Bodenarthropoden. Gustav Fischer, Stuttgart.

Muster, C.; Meyer, M. (2014): Verbreitungsatlas der Weberknechte des Großherzogtums Luxemburg. Ferrantia 70.

Schnecken

Kuratorium Weichtier des Jahres (Hrsg.), Der Tigerschnegel *Limax maximus* – Weichtier des Jahres 2005. Faltblatt, www.mollusca.de/weichtier_2005_tigerschnegel_web.pdf.

Nordsieck, R.; Brugsch, M. (2012): Einheimische Schnecken – In der Natur, im Garten und zu Hause. Natur und Tier-Verlag, Münster.

Wiese, V. (2014): Die Landschnecken Deutschlands. Quelle & Meyer, Wiebelsheim.

Zemanova, M. A.; Knop, E.; Heckel, G. (2016): Phylogeographic past and invasive presence of *Arion* pest slugs in Europe. Molecular Ecology 25 (22), S. 5747–5764.

Heuschrecken

Bellmann, H. (2006): Der Kosmos Heuschreckenführer, Franckh-Kosmos, Stuttgart.

Detzel, P. (1998): Die Heuschrecken Baden-Württembergs, Ulmer, Stuttgart, 1998.

Fischer, J.; Steinlechner, D.; Zehm, A.; Poniatowski, D.; Fartmann, T.; Beckmann, A.; Stettmer, C. (2016): Die Heuschrecken Deutschlands und Nordtirols. Bestimmen – Beobachten – Schützen. Quelle & Meyer, Wiebelsheim.

Pfeifer, M. A.; Niehuis, M.; Renker C. (Hrsg., 2011): Die Fang- und Heuschrecken in Rheinland-Pfalz. Fauna und Flora in Rheinland-Pfalz, Beiheft 41, GNOR-Eigenverlag, Landau.

ARTENREGISTER

Dank

Mit dieser »Gartensafari« danke ich meiner Frau für ihre große Geduld, Michael Beier, dem Vorstandsvorsitzenden der Heinz Sielmann Stiftung, für seinen Rückhalt in der intensiven Phase der Realisierung, Dr. Claudia von See, der früheren langjährigen Chefredakteurin der Zeitschrift *Biologie in unserer Zeit*, für die Begleitung der Serie »Exkursion in den Garten«, Lena Denu und Ines Swoboda vom oekom verlag für ihren besonderen Einsatz bei Lektorat und Layout sowie allen, die mich in den vergangenen Jahren mit fachlichem Austausch und gemeinsamer Naturbegeisterung unterstützt haben.

Vielfalt ist unsere Natur: die Heinz Sielmann Stiftung

Heinz Sielmann Stiftung

Die Heinz Sielmann Stiftung wurde 1994 von dem Tierfilmer Prof. Heinz Sielmann und seiner Frau Inge gegründet. Die Stiftung widmet sich dem Schutz von Lebensräumen und Arten, ermöglicht vor allem Kindern und Jugendlichen Naturerlebnisse, sensibilisiert die Öffentlichkeit für den Naturschutz und bewahrt das filmische Erbe des Stifters. In Brandenburg zählen rund 12.000 Hektar Fläche zu »Sielmanns Naturlandschaften« – bei oekom vorgestellt im Bildband »Expedition Artenvielfalt«. Die Stiftung entwickelt bundesweit Biotopverbünde und engagiert sich in Naturschutzgroßprojekten. Das »Grüne Band« an der ehemaligen innerdeutschen Grenze, der Biotopverbund Bodensee und die Renaturierung der Mittelelbe sind prominente Beispiele dafür. Außerdem werden Unternehmen auf dem Weg zum »Naturnahen Firmengelände« begleitet und können damit auch als Vorbild für einen nachhaltigen Umgang mit der Natur im Garten dienen.

www.sielmann-stiftung.de
facebook.com/sielmannstiftung
instagram.com/sielmannstiftung
youtube.com/sielmannstiftung